FREIBERGER FORSCHUNGSHEFTE

Herausgegeben vom Rektor der Bergakademie Freiberg

A 814 Maschinen- und Energietechnik

Automatisierungstechnik

in der Montanindustrie

Teil II

Vorträge zum Berg- und Hüttenmännischen Tag 1989
in Freiberg - Kolloquium 11

Leitung: Prof. Dr. sc. techn. PETER METZING und
Doz. Dr. sc. techn. HELMUT REINHARDT,
Bergakademie Freiberg

Mit 85 Bildern und 5 Tabellen

Deutscher Verlag für Grundstoffindustrie • Leipzig

Herausgeber: Der Rektor der Bergakademie Freiberg, Akademiestraße 6,
9200 Freiberg
Verlag: Deutscher Verlag für Grundstoffindustrie, Karl-Heine-Straße 27,
7031 Leipzig
Manuskriptannahme: Bergakademie Freiberg, Redaktion Freiberger Forschungshefte,
Akademiestraße 6, 9200 Freiberg
Vertrieb: In Deutschland durch den gesamten Buchhandel, im Ausland durch den internationalen Buch- und Zeitschriftenhandel oder durch den Verlag.
Bibliographischer Nachweis
Automatisierungstechnik in der Montanindustrie : Vortr. zum Berg- u. Hüttenmännischen Tag 1989 in Freiberg / Leitung : Metzing u. Reinhardt. - 1. Aufl. - Leipzig : Dt. Verl. für Grundstoffind. (Freiberger Forschungshefte : A ; 814)
NE: GT; Berg- und Hüttenmännischer Tag <1989, Freiberg>; II. - 1990. - 144 S. : 85 Bild., 5 Tab. - (A ; 814)

Teil I der vorliegenden Beitragsreihe ist im Freiberger Forschungsheft A 780 (BHT 1987) erschienen.

ISBN 3-342-00476-2

1. Auflage
© Deutscher Verlag für Grundstoffindustrie, Leipzig 1990
VLN 152-915/166/90
Druck: Polygrafischer Bereich der Bergakademie Freiberg, 9200 Freiberg
Lektor: Ing. G. Arlt
Redaktionsschluß: 15. 9. 1989
ISSN 0071-9390
Bestell-Nr. 544 284 9

Annotation

Automatisierungstechnik in der Montanindustrie, Teil II - Vorträge zum Berg- und Hüttenmännischen Tag 1989 in Freiberg - Freiberger Forschungsheft A 814 - Leipzig: Deutscher Verlag für Grundstoffindustrie, 1990

Das Heft enthält eine Auswahl von 15 Vorträgen des XL. Berg- und Hüttenmännischen Tages der Bergakademie Freiberg. Die Beiträge behandeln die Themergruppen Prozeßleitsysteme und Beratungssysteme, Prozeßnahe Steuerungen und Technische Diagnostik. Nach einleitenden und systematisierenden Übersichtsvorträgen zu jeder Themengruppe werden in Einzelbeiträgen konkrete Automatisierungslösungen aus dem Bereich der Montanindustrie vorgestellt.

144 Seiten, 84 Bilder, 4 Tabellen, 83 Literaturangaben

Annotation

Automation in the mining and metallurgical industry, part II - Papers presented at the Mining and Metallurgical Conference 1989 in Freiberg - Freiberger Forschungsheft A 814 - Leipzig: Deutscher Verlag für Grundstoffindustrie, 1990

This publication contains a selection of 15 papers presented at the 40th Mining and Metallurgical Conference of Bergakademie Freiberg. They are dedicated to the topical groups of process control systems and decision support systems, basic process control and technical diagnostics. Preceded by overviews on each topical group, concrete automation concepts implemented in the mining and metallurgical industry are described.

144 pages, 84 figures, 4 tables, 83 references

Vorwort

Dieses Freiberger Forschungsheft enthält 15 Beiträge des Kolloquiums 11 "Automatisierungstechnik in der Montanindustrie" des XL. Berg- und Hüttenmännischen Tages (BHT) 1989 in Freiberg. Es ist das zweite Kolloquium zu dieser Problematik, nachdem bereits 1987 auf dem XXXVIII. BHT das erste, ausschließlich automatisierungstechnischen Problemen gewidmete Kolloquium stattgefunden hat. Zu diesem Kolloquium erschien 1988 das mit großer Aufmerksamkeit aufgenommene Freiberger Forschungsheft A 780. Das rege Interesse daran - besonders aus der Industrie - ermutigte uns, auch zu dem Kolloquium des Jahres 1989 eine analoge Publikation unter dem Titel "Automatisierungstechnik in der Montanindustrie, Teil II" erscheinen zu lassen. Wir hoffen auf eine ähnliche Resonanz und möchten diese Kopplung von Kolloquium und Freiberger Forschungsheft auch weiterhin fortsetzen.

Die in den nächsten Jahren zu erwartenden Innovationen und Produktivitätssteigerungen in der Montanindustrie sollen ganz wesentlich durch den Einsatz informationstechnischer Mittel und Methoden erreicht werden. Die Anforderungen an die Automatisierungstechnik, z. B. in den Bereichen der Metallurgie und der Werkstoffherstellung und -veredlung, wachsen ständig, und die Wechselwirkung mit der Automatisierungstechnik ermöglicht oft erst neue technologische Lösungen.

Die Integration des Rechners in das Automatisierungsmittel stellt heute bereits eine Selbstverständlichkeit dar. Die sich dadurch ergebenden Möglichkeiten sind allerdings bei weitem noch nicht ausgeschöpft, dies trifft auch besonders für die Automatisierung montanistischer Prozesse zu. Bei der Auswahl der Themen dieses Heftes wurde besonders dieser Aspekt berücksichtigt. In Anlehnung an die Forschungsschwerpunkte des Veranstalters, des Wissenschaftsbereiches Automatisierungstechnik der Bergakademie Freiberg, wurden die drei Themengruppen

- Prozeßleitsysteme/Beratungssysteme
- Prozeßnahe Steuerungen
- Technische Diagnostik

ausgewählt. Zu diesen drei Gebieten enthält die Broschüre jeweils einen einführenden, systematisierenden Übersichtsvortrag und eine Reihe von Einzelbeiträgen über konkrete Anwendungen. Wir erhoffen uns damit, daß neben den Anregungen für neue Automatisierungslösungen auch ein gewisser Weiterbildungseffekt erbracht wird.

Die Durchführung eines zweitägigen Kolloquiums und die Herausgabe eines Freiberger Forschungsheftes erfordern viel Arbeit. Ich möchte mich bei meinen Mitarbeitern und allen anderen Helfern herzlich für ihre Unterstützung dabei bedanken. Namentlich möchte ich Herrn Dr. rer. nat. PAWLIK hervorheben, der einen wesentlichen Anteil an der Vorbereitung dieser Veröffentlichung hatte.

Prof. Dr. sc. techn. PETER METZING,
Bergakademie Freiberg

Inhaltsverzeichnis

Seite

Prozeßleitsysteme/Beratungssysteme

P. METZING
Prozeßleitsysteme und Beratungssysteme - Stand und Anwendungsmöglichkeiten 8

H. BITTNER und H. NADEBORN
Ergebnisse und Erfahrungen beim Einsatz des Prozeßleitsystems AUDATEC auf dem
Förderbrückenverband F 60 im Tagebau Reichwalde 23

H. SCHÖNE, P. METZING und U. FRANKE
Konzeption für ein Prozeßleitsystem in der Zinnerzaufbereitung 30

M. OLÁH, I. GYURICZA, L. RÁTKAI, É. KOVÁCS-RÁCZ und L. IVANYOS
Ein Automatisierungssystem zur Überwachung eines Erdöl- und Erdgasfeldes
in Südungarn 40

Prozeßnahe Steuerungen

H. EHRLICH
Prozeßnahe Steuerungen - Stand und Anwendungsmöglichkeiten 46

H. SAUERMANN, P. METZING, G. WALTER und R. ABRAHAM
Zur Modellierung und Simulation der thermischen Vorgänge ir Mehrzonenrohröfen 59

R. ABRAHAM, P. METZING und H. SAUERMANN
Zur Temperatursteuerung eines Mehrzonenrohrofens mit dem System S 2000 R 72

CH. UNGER und H. REINHARDT
Entwurf einer modellgestützten Steuerung von Absetzern im Tagebau 82

E. WOLF und H. REINHARDT
Beitrag zur Bestimmung des Höhenverlaufs von Strossen für Tagebaugroßgeräte 89

K.-P. GROBER und B. KONIETZKY
Die Möglichkeiten des Einsatzes der Mikroelektronik zur Automatisierung
technologischer Prozesse und Mechanismen im Erzbergbau der DDR 94

T. GEILER und P. METZING
Vorstellung einer Automatisierungskonzeption auf der Basis des Systems S 2000
und P 8000, dargestellt am Beispiel der Steuerung von Hauptgrubenventilatoren 103

D. BALDAUF und H. FRANZ
Computergestützte Steuerung, Überwachung und Diagnose von Großlochbohranlagen
untertage 111

	Seite
L. BÁNHIDI Mathematische Modellierung des Erzsinterprozesses als Grundlage eines rechner- gestützten Prozeßsteuerungssystems	122

Technische Diagnostik

S. THIELE, P. METZING und U. HÄNEL
Aspekte der automatisierten Maschinen- und Anlagendiagnose — 129

M. LUFT und S. THIELE
Ein Beitrag zur vibroakustischen Diagnose an rotierenden Werkzeugen — 135

Autorenverzeichnis — 143

Contents

page

Process control systems/Decision support systems

P. METZING
Process control systems and decision support systems - present state and uses — 8

H. BITTNER and H. NADEBORN
Results and experiences in the use of the AUDATEC process control system for
a F 60 overburden bridge system in the Reichwalde opencast — 23

H. SCHÖNE, P. METZING and U. FRANKE
Concept of a process control system in tin ore dressing — 30

M. OLÁH, I. GYURICZA, L. RÁTKAI, É. KOVÁCS-RÁCZ and L. IVANYOS
Automation system for monitoring an oil and gas field in Southern Hungary — 40

Basic process control

H. EHRLICH
Basic process control - present state and uses — 46

H. SAUERMANN, P. METZING, G. WALTER and R. ABRAHAM
Modeling and simulation of thermal processes in a multi-zone tube furnace — 59

R. ABRAHAM, P. METZING and H. SAUERMANN
Temperature control of a multi-zone furnace by S 2000 R system — 72

CH. UNGER and H. REINHARDT
Concept of a model-based stacker control system in opencasts — 82

	page
E. WOLF and H. REINHARDT Determination of the bench level for opencast main equipment	89
K.-P. GRUBER and B. KONIETZKY Potential uses of microelectronics in the automation of technological processes and equipment in the GDR ore mining industry	94
T. GEILER and P. METZING Automation concepts using the S 2000 and P 8000 systems - an example: Control of main fans in mines	103
D. BALDAUF and H. FRANZ Computer-aided control, monitoring and diagnostics of underground large hole drilling plants	111
L. BÁNHIDI Mathematical modeling of the ore sintering process as a basis for computer-aided process control	122

Technical diagnostics

S. THIELE, P. METZING and U. HÄNEL Aspects of automatic diagnostics of machines and equipment	129
M. LUFT and S. THIELE Vibration acoustic diagnostics of rotating tools	135
List of authors	143

Prozeßleitsysteme und Beratungssysteme

Stand und Anwendungsmöglichkeiten

Von P. METZING, Freiberg

1. Möglichkeiten der Automatisierung des betrieblichen Reproduktionsprozesses

Die Automatisierung der informellen Prozesse ist ein entscheidendes Mittel zur Unterstützung und Effektivierung des betrieblichen Reproduktionsprozesses. Diese Unterstützung der Informationsprozesse durch automatisierungs- und/oder rechentechnische Mittel sollte sich dabei auf den gesamten Reproduktionsprozeß erstrecken und möglichst alle seine Bereiche umfassen. Die wesentlichen Bereiche eines betrieblichen Reproduktionsprozesses sind mit ihren Verknüpfungen in Bild 1 dargestellt. Es läßt sich daraus als gemeinsame Aufgabe des Technologen, des Ökonomen, des Automatisierungstechnikers und des Informatikers ableiten, daß die Möglichkeiten der Automatisierung in jeden dieser betrieblichen Bereiche erkannt, konkret und detailliert formuliert und realisiert werden müssen. Hier sind ohne Zweifel noch wesentliche Reserven für Rationalisierung und Produktivitätssteigerung zu finden, besonders die Identifikation und die exakte und hinreichende Formulie-

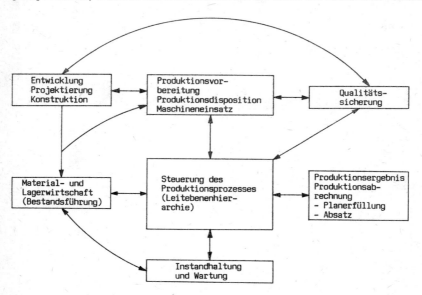

Bild 1. Teilbereiche eines betrieblichen Reproduktionsprozesses

rung der Automatisierungsaufgaben bereitet in der Praxis oft noch größere Schwierigkeiten. Dies liegt z. T. an unzureichender Berücksichtigung der Interdisziplinarität und Komplexität und z. T. auch an ungünstigen innerbetrieblichen Bedingungen.
Der in der letzten Zeit häufiger gebrauchte Begriff der Produktionssteuerung (i. G. zur Prozeßsteuerung) widerspiegelt z. B. diesen Trend des allseitigen Eindringens informationstechnischer Mittel in alle Produktionsbereiche. "Produktionssteuerung" bezieht sich auch auf die der unmittelbaren Produktion vor- und nachgeschalteten Bereiche des Reproduktionsprozesses. Ähnliches gilt auch für das Wortpaar Produktionsautomatisierung und Prozeßautomatisierung. Der Trennungsstrich zwischen beiden Begriffen ist freilich schwer zu ziehen. Hier sollen nur die dem Ingenieur zukommenden Aufgaben eingehender betrachtet werden. Deshalb wird im folgenden der Schwerpunkt der Betrachtung auf den technischen Produktionsprozeß in seiner Gesamtheit gelegt, ohne dabei allerdings die im Bild 1 noch dargestellten stärker betriebswirtschaftlich orientierten Bereiche zu übersehen.
Ein modernes Informations- und Automatisierungskonzept muß ohnehin mindestens die Möglichkeiten einer künftigen Einbeziehung aller betrieblichen Bereiche vorsehen und ohne größere Veränderungen erweiterbar sein. Dies entspricht dem Konzept der Weiterentwicklung zur rechnergestützten Produktion und zum CIM-Betrieb und kann auch durch die informelle Verbindung von Prozeßautomatisierung, kommerzieller Büroautomatisierung und dezentralen CAE-Arbeitsplätzen charakterisiert werden. Das schwierigste Problem dabei ist eine allseitig akzeptierte und realisierte Schnittstellenkonzeption.

2. Automatisierungsaufgaben und das Ebenenmodell der Produktionssteuerung

Die enorme Vielfalt der zu lösenden Automatisierungsaufgaben ist nur durch dezentrale, hierarchisch strukturierte Automatisierungssysteme zu bewältigen. Bei der Festlegung der Struktur dieser Automatisierungssysteme ist man gezwungen, einen Kompromiß zwischen unterschiedlichen Strukturierungsaspekten zu finden.
So kann

- nach funktionellen (Prozeßüberwachung, -sicherung, -stabilisierung, -bilanzierung, -führung und -optimierung)
- nach administrativen (Verantwortungsbereiche, Leitungshierarchie)
- nach gerätetechnischen (Hardwarekonfiguration, Rechnerkopplungen, LAN)
- und nach technologischen und räumlichen (technologische Aufgabenklassen, räumliche Anordnung der Maschinen und Aggregate)

Gesichtspunkten dekomponiert werden. Es hängt sehr vom konkreten technologischen Prozeß ab, mit welchem Gewicht diese Aspekte zu berücksichtigen sind, eine allgemeine Regel ist schwer aufstellbar.
International hat sich das im Bild 2 angegebene Ebenenmodell durchgesetzt /1, 2, 3/. Selbstverständlich muß auch dieses Muster den konkret gegebenen Bedingungen angepaßt werden, so daß sich z. B. eine zusätzliche Unterteilung oder Zusammenfassung der Ebenen ergeben kann. Als Grundmodell für die automatisierungstechnischen Funktionsebenen bei der Steuerung von Produktionsprozessen hat es sich bewährt.

Funktionsebenen

E0: Prozeßebene

E1: Meß- und Stellebene

E2: Feldebene

E3: Prozeßleitebene

E4: Produktionsleitebene

E5: Betriebsleitebene

Automatisierungsfunktionen, Realisierung

E1: - Unmittelbar in Prod.-anlage
- installierte
- Meß- und Stelltechnik

E2: - prozeßnah automatisch überwachen, regeln und binär steuern,
- dezentrale Basisautomatisierung (Prozeß-Controller)

E3: - prozeßfern führen, steuern, koordinieren, bilanzieren und beraten
- zentraler Prozeßleitstand (Wartenrechner)

E4: - führen, steuern, kurzfristig planen, koordinieren, optimieren, bilanzieren, operativ beraten der Gesamtproduktion

E5: - aktuelle Werksproduktion
- Werksbilanzen
- Planvorgabe

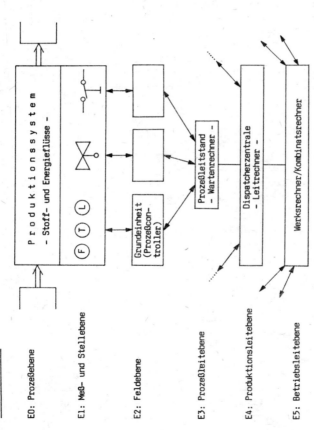

Bild 2. Struktur und Funktionsverteilung eines Automatisierungssystems zur Steuerung von komplexen Produktionssystemen (Ebenenmodell)

Die derzeit industriell gefertigten Prozeßleitsysteme (PLS) umfassen meist nur die
Ebenen E2 und E3, hierfür wird ein umfangreiches Softwareangebot für die Lösung von
Standardfunktionen angeboten, darüber hinaus existieren zahlreiche erprobte Applikations-
programme (Tabelle 1).

Tabelle 1. Funktionen und Programmodule der Prozeßleitebene

1. Standardmodule

   - Module zur Kommunikation mit der Feldebene
   - Anzeige von Prozeßgrößen, Einzel-, Gruppen- und Übersichtsdarstellungen
   - Signalisierung von Grenzwertüberschreitungen
   - Module zur Erstellung von Protokollen und Tagebüchern

2. Applikationsprogramme zur

   - Datenverdichtung und Prozeßkennwertermittlung
   - Prozeßdatendokumentation und -archivierung
   - Identifikation des Prozeßzustandes (Situationserkennung) und Störgrößenanalyse
   - Analyse des technischen Zustandes der Aggregate und Maschinen
     (Signalanalyse, technische Diagnostik)
   - Prozeßprognosealgorithmen und Störvorhersage
   - Bilanzierung von Stoff- und Energieflüssen, Bilanzausgleich
   - Unterstützung der Prozeßsicherung (Prüfalgorithmen, flexible Abwehrstrategien, ...)
   - Unterstützung der Prozeßführung durch Beratungssysteme
   - Unterstützung bei der Lösung von Verteilungs- und Koordinierungsaufgaben

Ferner besitzen die PLS immer bessere Möglichkeiten einer relativ problemlosen gerätetechnischen Erweiterung zu höheren Ebenen (E4, E5) hin. Bezüglich der Applikationssoft-
ware gibt es allerdings derzeitig noch zu wenig kommerzielle Angebote, und man ist
gezwungen, die für die Ebene E3 existierende Software zu modifizieren.
In der Tabelle 2 sind Charakteristika der einzelnen Funktionsebenen gegenübergestellt
(unter Verwendung von /3/).
Ein anderes Problem besteht darin, daß die zu einem Produktionsprozeß verbundenen Maschinen und Aggregate meist schon bei ihrer Herstellung im Maschinenbaubetrieb mit einer
Basisautomatisierung versehen sind. Die lokal und funktionell begrenzten Automatisierungslösungen der Basisautomatisierung erfüllen nur elementare Überwachungs-, Sicher-
heits- und Stabilisierungsaufgaben und sind den dezentralen Ebenen E1 und E2 zuzuordn-
nen. Die Automatisierung eines Produktionsabschnittes dagegen erfordert Überlegungen
und Automatisierungsmaßnahmen, die wesentlich über die Basisautomatisierung hinaus-
gehen. Durch die stoffliche und energetische Verbindung der Maschinen und Anlagen zu
einem funktionsfähigen Produktionsabschnitt entstehen völlig neue Aufgaben für das
Automatisierungssystem. Dies sind beispielsweise Aufgaben der Identifikation des Pro-
zeß- und Anlagenzustandes, der Prozeßbilanzierung und -dokumentation, der Prozeßoptimierung, -koordinierung und -führung und Aufgaben einer nutzerfreundlichen und kompetenz-

Tabelle 2. Charakterisierung der Funktionsebenen E1 bis E5 eines betrieblichen Automatisierungssystems /3/

Ebene	Form der Prozeßdatenverarbeitung	Aufgaben	Datenlebensdauer	Aktualisierungszeitraum	Realisierungsform	Verweilzeit d. Komm.anford.
E1/E2: Meß./Stellebene/ Feldebene	online, closed loop, Echtzeit	Meßwerterfassung, Stelleingriffe, MSR-Basisautomation	μs-ms	μs-ms	Feldbus	5-100 ms
E3: Prozeßleitebene	online Echtzeit	Prozeßüberwachung, -führung von Teilsystemen, MSR-Grundfkt.	ms-h	ms	Prozeßbussystem	0,1 - 0,5 s
E4: Produktionsleitebene	online - offline-Komm. Quasiechtzeitforderungen	überwachen, führen, koordinieren von Produktionseinheiten, operativ lenken	s-Tage	ms-s	LAN MAP	0,5-1 s
E5: Betriebsleitebene	offline/online Kombi., geringere Echtzeitanforderungen	betriebswirtsch. Anforderungen, Werkbilanzen, kurzfr. Planung	min-Tage	s-min	LAN MAP	

erhöhenden Mensch-Anlagen-Kommunikation. Diese Automatisierungsaufgaben sind im wesentlichen den Funktionsebenen E3 bis E5 zuzuordnen, sie benötigen aber zu ihrer Lösung aktuelle Prozeßinformationen. Damit werden die Ebenen E1 und E2 angesprochen und das noch nicht hinreichend gelöste Problem der Schnittstellen zwischen den Funktionseinheiten zur Basisautomatisierung der Maschinen- und Aggregate und den Funktionseinheiten der PLS zur Prozeßautomatisierung des Produktionsabschnittes wird relevant /4/. Der Informationsfluß läuft derzeitig über die dezentralen Grundeinheiten der Feldebene.

Die Funktionsebenen der Produktionssteuerung weisen hinsichtlich verschiedener Aspekte typische Tendenzen auf. So nehmen mit steigender Hierarchieebene die Echtzeitanforderungen an die Prozeßdatenverarbeitung und die Datenmengen ab (vgl. Tab. 1). Dagegen wachsen mit höherer Ebene die Aktualitätsdauern der dort benötigten Daten, die Komplexität und Unschärfe der Informationen und Modelle und die Bedeutung und Notwendigkeit der menschlichen Entscheidung nimmt zu. Diese Tendenzen werden im Bild 3 verdeutlicht. Man erkennt, die objektiv gegebene Notwendigkeit der Übernahme von Steuerentscheidungen

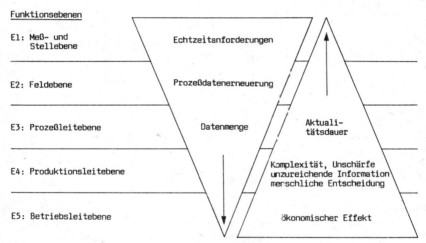

Bild 3. Typische Tendenzen bei hierarchisch strukturierten Automatisierungssystemen

durch den Menschen mit höherer Funktionsebene. Damit entsteht zwangsläufig die Frage, ob und wie durch informationstechnische Mittel diese menschliche Entscheidung objektiviert und qualifiziert werden kann?
Die dazu in Frage stehenden Hilfsmittel, hier zur Unterstützung der menschlichen Steuerentscheidungen auf den Funktionsebenen E3, E4 und E5 eingesetzt, werden als "rechnergestützte Entscheidungshilfen" oder "Beratungssysteme" (decision support systems) bezeichnet /5, 6/ (Bild 4).
Sie gewinnen mit zunehmendem Eindringen informationstechnischer Mittel in alle Bereiche des betrieblichen Reproduktionsprozesses besonders auch für die Prozeßsteuerung ständig

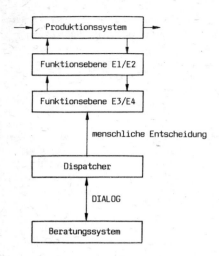

Bild 4
Nutzung eines Beratungssystems zur operativen Steuerung eines Produktionssystems

an Bedeutung, da sie durch Beratungssoftware Entscheidungs- oder Steuervorschläge für begrenzte und klar festgelegte Aufgabenklassen bereitstellen.

3. Beratungssysteme zur Prozeß- und Produktionssteuerung

Die Beratungssysteme zur Prozeß- und Produktionssteuerung führen eine Prozeßdatenverarbeitung mit dem Ziel der Ermittlung eines Steuervorschlages durch, d. h., sie sind an Rechnermöglichkeiten und an aktuelle Prozeßinformationen gebunden. Es liegt auf der Hand, sie in das Prozeßleitsystem zu integrieren, zumal auch Echtzeitanforderungen zu erfüllen sind. D. h., je nach Aufgabenklasse sind die Beratungssysteme den entsprechenden Funktionsebenen, dies sind in der Regel die Ebenen E3, E4 und z. T. auch E5, zuzuordnen. Für das PLS AUDATEC bedeutet dies z. B., die Implantation der Beratungssoftware möglichst auf dem Wartenrechner vorzunehmen. Mit steigender verfügbarer Rechnerleistung, bei günstig gestalteten Programmoduln und effektiver Dialoggestaltung läßt sich dies in den meisten Fällen auch realisieren /7/.

Für den praktisch tätigen Ingenieur erheben sich nun die folgenden Fragen:

- Welche Probleme der Steuerung von Produktionsanlagen können/sollen durch Beratungssysteme unterstützt werden?
- Wie konzipiert und entwickelt man Beratungssysteme?

Für die Steuerung von größeren Produktionsanlagen oder allgemein von komplexen Produktionssystemen ist in der Industrie der schichtleitende Ingenieur, der Operativingenieur, der Dispatcher oder operative Lenker zuständig. Im weiteren soll der Begriff Dispatcher für diese meist von erfahrenen Ingenieuren durchgeführte Tätigkeit verwendet werden, ohne allerdings diese Bezeichnung besonders favorisieren zu wollen.

In Abhängigkeit von der Art der aktuellen Störung müssen vom Dispatcher in der Regel über einen Zeithorizont von Stunden bis zu maximal mehreren Schichten Steuerentscheidungen getroffen werden. Er muß dabei auf folgende Arten von Störungen reagieren:

1. Ausfall oder Leistungsreduzierung von Aggregaten, Maschinen oder Anlagenteilen
2. Störungen der Eingangsproduktströme hinsichtlich Menge und Qualitätsgrößen
3. Störungen bei der Versorgung mit Hilfsenergien und Hilfsstoffen
4. Störungen bei der Abnahme der Endprodukte
5. Kurzfristige Änderungen des Produktionsplanes.

Ein allgemeines Charakteristikum dieser Störungen ist ihr zufälliger Beginn zum Zeitpunkt t_A und ihr meist diskreter, sprungförmiger Verlauf (Bild 5). Die Störderauer t_E bis t_A dagegen ist oft nicht zufälliger Art, sondern durch die menschliche Tätigkeit beeinflußbar.

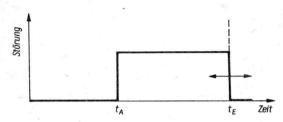

Bild 5
Charakteristischer Verlauf einer Störung der Ebenen E3/E4

Dieser so gekennzeichnete Störungstyp unterscheidet sich damit grundsätzlich von den stochastischen Störsignalverläufen und deren Eliminierung durch Stabilisierungsmaßnahmen, wie sie für die prozeßnahen Ebenen E1 und E2 charakteristisch sind. Die Möglichkeiten des Dispatchers, um auf Störungen nach Bild 5 zu reagieren, erstrecken sich hauptsächlich auf Möglichkeiten der Anpassung und des Einstellens des Produktionsabschnittes auf die aktuelle Störsituation und weniger auf ein "Ausregeln" der Störung im Sinne der Regelungstechnik.

Meist verfügt der Dispatcher dabei über folgende Steuermöglichkeiten:

1. Veränderung der Arbeitspunkte von Teilsystemen, Anlagen und/oder Maschinen
2. Steuerung der Massenspeicher, die Eingangs-, End- oder Zwischenspeicher sein können
3. Umstellung des gesamten Produktionssystems durch Struktur- und Arbeitspunktänderungen.

Der Gesamtnutzen G^{KPS}, der bei der Steuerung eines komplexen Produktionssystems erreicht wird, setzt sich aus dem Nutzen G^{TS} der Steuerung der Teilsysteme und dem Nutzen G^{GS} durch möglichst optimale Koordination der TS untereinander zusammen, d. h.

$$G^{KPS} = G^{TS} + G^{GS} \qquad (1)$$

Internationale Einschätzungen besagen nun, daß allein durch bessere Koordination und Information im Durchschnitt etwa 3 bis 4 % Gewinnsteigerung zu erreichen ist /8/. Ein

gewichtiger Grund, dem Dispatcher zur Entscheidungsfindung Beratungssysteme zur Seite zu stellen.
Die zweite, eingangs gestellte Frage bezieht sich auf die Entwicklung und den Aufbau von Beratungssystemen zur Prozeß- und Produktionssteuerung. Den Grundaufbau eines solchen Beratungssystems zeigt Bild 6. Der Wissensspeicher enthält das über den zu steuernden Produktionsabschnitt vorhandene und notwendige Wissen. Dieses Wissen läßt sich i. a.

- in objektives, physikalisch-technisches Wissen,
- in subjektives, menschliches Erfahrungswissen und
- in aktuelle Daten über das Produktionssystem

unterteilen.

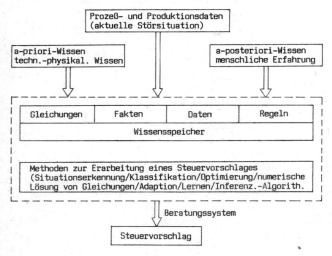

Bild 6. Grundaufbau eines Beratungssystems

Mit Hilfe unterschiedlicher Methoden wird auf Grundlage des in Form von Modellen, Fakten, Daten und Regeln gespeicherten Wissens ein Entscheidungs- und/oder Steuervorschlag - meist im Dialog mit dem Dispatcher - erarbeitet.
Aus der Zielstellung des Beratungssystems ergibt sich, daß besonders Beschreibungen des statischen, dynamischen und des Steuerverhaltens benötigt werden. Im Wissensspeicher müssen deshalb hinreichende Informationen über das Prozeß- und Steuerverhalten des Produktionsabschnittes abgelegt sein.
Es gibt prinzipiell 3 Arten von Methoden, um zu diesem Wissen zu gelangen:

1. die theoretische Modellierung des Produktionssystems durch Anwendung von physikalisch-technischem Wissen

2. die experimentelle Identifikation des Systemverhaltens durch Auswertung von Meßwerten und
3. die Befragung und/oder Handlungsanalyse von Experten.

Viele Entscheidungen, insbesondere auf den höheren, größere Bereiche umfassenden Funktionsebenen, müssen bei unvollständiger Information und bei objektiv unzureichendem Fachwissen getroffen werden. Für diese Gruppe von Entscheidungen lassen sich Beratungssysteme nur auf der Grundlage von Punkt 3 bilden, sie werden dann als Expertensysteme bezeichnet. Die Expertensysteme zur Prozeß- und Produktionssteuerung werden zweifellos in näherer Zukunft an Bedeutung gewinnen und sind z. Z. Gegenstand intensiver Forschungen /9/.

Andererseits muß festgestellt werden, daß die Anwendungsmöglichkeiten der Methoden von Punkt 1 und 2 für die Aufstellung von Entscheidungshilfen zur Prozeß- und Produktionssteuerung längst noch nicht ausgeschöpft sind. Aufgrund der Objektivität und Wissenschaftlichkeit dieser Methoden besitzen die Vorteile gegenüber den auf subjektiver Beurteilung beruhenden Methoden des Punktes 3. Im folgenden Abschnitt seien einige Hinweise und Erfahrungen zur Modellierung von Produktionssystemen für Fließ- und Chargenprozesse nach den beiden ersten Methoden gegeben.

4. Modellierung von Produktionssystemen für Fließ- und Chargenprozesse

Einleitend einige Bemerkungen zum Problem der Dynamik von großen Produktionssystemen. Für viele dieser als "Große Systeme" anzusehenden Produktionsabschnitte lassen sich folgende allgemeine Merkmale feststellen:

1. Die Dynamik wird wesentlich durch die glättend und entkoppelnd wirkenden Eingangs-, Zwischen- und Endspeicher beeinflußt.
2. Durch in die Technologie integrierte Transportsysteme enthalten die dynamischen Modelle häufig wesentliche Laufzeitanteile.
3. Der Zeitraum für die Phasen des An-, Um- und Abfahrens ist gegenüber dem der stationären Betriebsphasen klein und meist von untergeordneter Bedeutung.
4. Es treten - oft wegen geringer stofflicher und energetischer Rückführungen - wenig Stabilitätsprobleme auf.

Neben der Berücksichtigung dieser dynamischen Charakteristika ist bei der Modellierung und/oder Simulation von komplexen Produktionssystemen noch zu beachten, daß die Ein- und Ausgangsgrößen der Teilsysteme sich in der Regel auf wesentliche Massen- bzw. Energieströme und auf die Qualität charakterisierende Prozeßgrößen reduzieren lassen. Prinzipiell muß die Modellierung eines komplexen Systems immer

- die Modellierung der Teilsysteme (TS) und
- die Modellierung der Struktur

umfassen.

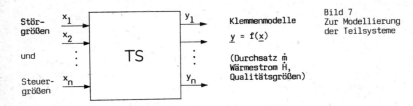

Bild 7
Zur Modellierung
der Teilsysteme

VT - Mischprozesse; Transportproblem; Zerkleinerung;
Trennprozesse - Destillation, Klassierung, Flotation;
Speicherung; Wärmeübertragung, Crackprozesse

➡ Speichersimulation: i-ter Speicher

$$m_i^u \leq m_i - (\dot{m}_i^{ab} - \dot{m}_i^{zu}) \cdot \Delta T \leq m_i^o$$

m_i^u, m_i^o - untere/obere Grenzwerte der Speichermasse

$\dot{m}_i^{zu}$, $\dot{m}_i^{ab}$ - Zu- u. Abfluß

ΔT - Zeitintervall (Operativzeitraum)

Die Modelle der TS sind dabei als "Klemmenmodelle" aufzufassen, die den Zusammenhang zwischen den für das TS typischen Ein- und Ausgangsgrößen beschreiben. Im Bild 7 ist für einen Massenspeicher ein solches TS-Modell angegeben, das sich zur Simulation von Speichern bewährt hat.
Die Verbindungen bzw. Verkopplungen der TS zu einem komplexen Gesamtsystem werden durch die Struktur des Systems widergegeben. Eine häufig benutzte Möglichkeit der Modellierung von Strukturen ist Bild 8 zu entnehmen. Die Matrix $\underline{N}_{ij}$ gibt dabei Auskunft über die Verkopplung des i-ten mit dem j-ten TS.
Das gesuchte Verhalten eines komplexen Produktionssystems kann nun durch die Modellierung seiner TS und der konkret gegebenen Struktur simuliert werden.

5. Die Steueraufgabe als statistisches Optimierungsproblem

Eine verbale Formulierung der allgemeinen Steueraufgabe des Dispatchers könnte lauten:
"Innerhalb eines vorgegebenen Zeitintervalls (z. B. Schicht) ist der Produktionsabschnitt trotz auftretender Störungen so zu steuern, daß unter Beachtung der technischen Nebenbedingungen und der begrenzten Ressourcen das Produktionsziel mit möglichst geringen Kosten erreicht wird."
Die Umsetzung dieser allgemeinen Steueraufgabe in ein mathematisches Optimierungsproblem ergibt folgendes /10/:

Optimierungskriterium:

$$\min_{\underline{u}} \int_{t_0}^{t_1} G(\underline{u}(t), \underline{z}(t), \underline{y}(t))\, dt \qquad (2)$$

G — Zielfunktion
$\underline{u}(t)$ — Steuergrößenvektor
$\underline{z}(t)$ — Störgrößenvektor
$\underline{y}(t)$ — Ausgangsgrößenvektor
$<t_0, t_1>$ — Zeitintervall, Operativzeitraum

Nebenbedingungen:

$$\int_{t_0}^{t_1} y_i(t)\, dt \gtreqless Y_i^{Plan} \qquad i = 1, 2, \ldots M \qquad (3)$$

M — Anzahl der Produktsorten

$\underline{u}(t) \in U,\ \underline{y}(t) \in Y$ Beschränkungen (4)

$\underline{f}(\underline{u}(t), \underline{z}(t), \underline{y}(t)) = 0$ Prozeßmodell (5)

$\dot{m}_i = \sum_j \dot{m}_{ij}$ Verteilung der Ressource i (6)

Nun sind eine ganze Reihe von Vereinfachungen und Konkretisierungen dieses Problems (2) bis (6) nötig, um zu einem unter Produktionsbedingungen nutzbaren Problem zu kommen. So läßt sich z. B. folgendes vereinbaren:

1. Annahme der Quasistationarität der Störgrößen, d. h. $z(t) \approx$ const für Zeitraum Δt, damit wird aus der Aufgabe (2) bis (6) ein statisches Optimierungsproblem gemacht.
2. Vereinbarung der Zielfunktion als Kostenzielfunktion

$$G = \sum_i P_j \cdot \dot{x}_j^S + \sum_k P_k\, \dot{x}_k^E \qquad (7)$$

P_j, P_k — Preise
$\dot{x}_j^S$ — Massenstrom des Stoffes j
$\dot{x}_i^E$ — Energieströme/Enthalpieströme i

oder als Abweichung von vorgegebenen Produktionsvorgaben Y_i^{Soll}

$$G = \sum_i (Y_i^{Soll} - Y_i)^2 \qquad (8)$$

3. Durchführung der Simulation des Prozeßverhaltens unter Berücksichtigung der Anmerkungen des Abschnittes 4.

3⁺

Strukturmodellierung:
Eingangsgrößen $\underline{x}^i$ des i-ten TS:

$$\underline{x}^i = \sum_{j=1}^{n} N_{ij} \, \underline{y}^j$$

$\underline{y}^j$ – Ausgangsgrößenvektor des j-ten TS

N_{ij} – Matrix der Verkopplung des i-ten TS mit dem j-ten TS (nur 0/1 Elemente)

z. B. Elementmatrix N_{21}

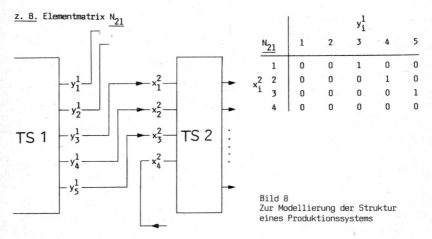

Bild 8
Zur Modellierung der Struktur eines Produktionssystems

Das Ergebnis der Optimierungsrechnung ist ein optimaler Steuervektor $\underline{u}_{opt}^{GS}$, der die Aufgabe der Prozeßkoordinierung der Teilsysteme realisiert, indem er die wesentlichen Koppelproduktionsströme, die Qualitätsverknüpfungen der TS und die Ressourcen-Verteilungen festlegt.
Die Werte des Steuervektors $\underline{u}_{opt}^{GS}$ sind für die optimale Steuerung der einzelnen TS keine Steuervariablen mehr, sondern gehen in das Optimierungsproblem der TS als feste Vorgabewerte im Sinne einer Störgröße ein. Das Problem der TS-Optimierung lautet dann für das i-te System:

$$\min_{\underline{u}_i^{TS}} G_i(\underline{u}_i^{TS}, \underline{z}_i^{TS}, \underline{y}_i^{TS}) \tag{9}$$

mit

$\underline{y}_i = f(\underline{u}_i^{TS}, \underline{z}_i^{TS})$ \quad Teilsystemmodell \hfill (10)

$\underline{u}_i^{TS} \in U_i$ \quad und \quad $\underline{y}_i^{TS} \in Y_i$ \quad Beschränkungen \hfill (11)

Der Störvektor z_i^{TS} setzt sich dabei aus den das i-te TS betreffenden optimalen Vorgabewerten aus der Gesamtoptimierung und den Prozeßstörungen z^{TS} des i-ten TS zusammen. Um die Lösungen eines Entscheidungsproblems des Dispatchers auf die Lösung eines Optimierungsproblems zurückzuführen, müssen die folgenden 3 Arbeitsetappen durchlaufen werden.

1. Identifikation der Störsituation einschließlich der Abschätzung der voraussichtlichen Stördauer
2. Umsetzung der aktuellen Störsituation in die Formulierung eines Optimierungsproblems
3. Lösung des Optimierungsproblems durch numerische Suchalgorithmen und Festlegung der neuen optimalen Strukturen und der Arbeitspunkte.

Diese 3 Etappen sind von dem Dispatcher bei Auftreten einer Störung in möglichst kurzer Zeit zu realisieren. Man erkennt die Notwendigkeit von anwenderfreundlichen, dialogfähigen und modular aufgebauten Entscheidungshilfen, um schnell und effektiv zu einer Steuerentscheidung zu kommen.

Literaturverzeichnis

/1/ BROMBACHER, M.; POLKE, M.: Perspektiven der Prozeßleittechnik. München: R. Oldenbourg-Verlag, atp 29 (1987), H. 11, S. 501-510

/2/ RASMUSSEN, J.; GOODSTEIN, L. P.: Decision - Support in Supervisory Control. Proc. 2 nd IFAC Conf. Varese (1985), S. 3-42

/3/ NEUMANN, P.; SAWATZKY, J.: Kommunikationssysteme in der Automatisierungstechnik. msr, Berlin 31 (1988), H. 6; S. 242-247 und H. 7.; S. 298-304

/4/ GROSSMANN, W.; EHLERT, K.-H.: Standpunkt zur Aggregatautomatisierung des FA 10 "Projektierung von Automatisierungsanlagen. msr, Berlin 32 (1989), H. 4, S. 177 bis 179

/5/ BÖHME, D.; WERNSTEDT, J.: Entwurfskonzepte für Beratungssysteme zur Lösung kybernetischer Aufgaben. msr, Berlin 30 (1987), H. 12, S. 535-539

/6/ KORTENIEMI, M.; URONEN, P.; JUNNO, S.: Decision Support Systems for Ironmaking. Preprints. Man-Machine-Systems/Analysis, Design and Evaluation, Oulu, Finnland, 14.-16. 6. 88, S. 118-122

/7/ BÖHME, B.; BALZER, D.: Expertensysteme als integraler Bestandteil mikroprozessorgestützter Prozeßleittechnik. msr, Berlin 30 (1987), H. 10, S. 443-448

/8/ BERTSCH, V.; GEIBIG, K. F., WEBER, J.: Betriebswirtschaftlicher Nutzen moderner Prozeßleittechnik in der Chemischen Industrie. München: R. Oldenbourg-Verlag, atp 31 (1989), H. 1, S. 5-10

/9/ LUNZE, J.: Wissensbasierte Systeme, (Teil 1 und 2). msr, Berlin 30 (1987), H. 10, S. 437-443 und H. 11, S. 502-508
/10/ METZING, P.: Operative Steuerung in Produktionskomplexen der Erdölverarbeitung. 30. Intern. Wiss. Kolloquium TH Ilmenau, 1985. Vortragsreihe A: Technische Kybernetik/Automatisierungstechnik, H. 1, S. 239-242

Ergebnisse und Erfahrungen beim Einsatz des Prozeßleitsystems AUDATEC
auf dem Förderbrückenverband F 60 im Tagebau Reichwalde

Von H. BITTNER, Cottbus, und H. NADEBORN, Hoyerswerda

1. Einleitung

Der vierte AFB-Verband des Typs F 60 wurde am 28. 07. 1988 in Tagebau Reichwalde in Betrieb genommen. Zum Verband gehören 2 Eimerkettenbagger Es 3750.
Wesentliche technische Daten zur F 60 Reichwalde:

- Gesamtlänge F 60   etwa 500 m
- Dienstmasse Komplex   etwa 24 000 t
- Stützweite F 60   272,5 +/- 12 m
- Stützhöhe F 60   18 + 7 m
                             - 8 m
- Fahrgeschwindigkeit   3 bis 13,5 m/min.

Der Massentransport erfolgt über 10 Gurtbandförderer:
- Gesamtlänge   etwa 920 m
- max. Förderleistung   29 000 m^3/h gesch.
- max. Gurtbreite   2750 mm
- installierte Antriebsleistung 22 180 kW.

Jährlich sind mit diesem F-60-Verband mehr als 80 Mio m^3 Abraum zu baggern, zu transportieren und auf ein gestuftes Kippensystem zu verstürzen.
Zur Beherrschung der wechselnden geologischen Verhältnisse ist eine relativ große Manövrierfähigkeit des F-60-Verbandes gegeben. Die Grenzen hierzu sind durch etwa 1000 Sicherheitseinrichtungen abgesteckt. Das Anfahren ist durch Steuerung oder Regelung der Antriebe für die Fahr-, Schwenk- und Hubbewegungen möglichst zu vermeiden. Außerdem ist ein weitestgehend programmierbarer Bewegungsablauf zur Einhaltung der notwendigen technologischen Disziplin zu sichern. Nicht zuletzt sind noch Regelungen für das Ausschöpfen des Leistungsvermögens der Bagger und Bandanlagen sowie für die Massenverteilung notwendig.
Bereits für die im Zeitraum 1972 bis 1979 eingesetzten drei F-60-Verbände standen derartige Automatisierungsforderungen.
Sie wurden mittels konventioneller BMSR-Technik und zentralen Prozeßrechnersystemen der 4000er Generation mit Einschränkungen erfüllt. Verarbeitet werden dort Informationen von max. 250 Meßstellen. Für den F-60-Verband Reichwalde stand als wesentliche zusätzliche Anforderung die Erfassung des Ansprechens und Kontrolle des Zustandes aller bedeu-

tenden Sicherheitseinrichtungen. Hierdurch und durch weitere Automatisierungsmaßnahmen erhöhte sich die Anzahl der Meßstellen auf 1100.
Dieser Umfang an zu erfassenden, zu verarbeitenden und darzustellenden Informationen erforderte den Übergang vom zentralen zum dezentralen Automatisierungsanlagensystem.
Der Bereich F/E des BKK'S hat sich Mitte 1985 mit dem Betreiber der F 60 für den Einsatz des Prozeßleitsystems "audatec" entschieden. Es ist der audatec-Ersteinsatz auf einem Tagebaugroßgerät. Er wurde gemeinsam mit dem VEB Automatisierungsanlagenbau Cottbus (AAC) realisiert. Die Antriebssteuerung für diesen Tagebaugroßgeräteverband wurde durch AAC mittels der freiprogrammierbaren Steuerungen PS 2000 und WSSB-Leuchtschaltbild ausgeführt.
Im folgenden sollen die wesentlichen Merkmale und Erfahrungen des audatec-Ersteinsatzes auf der F 60 Reichwalde dargelegt werden. Hierbei wird eine prinzipielle Kenntnis des Prozeßleitsystems des GRW-Teltow unterstellt.
Die audatec GVA der F 60 Reichwalde besteht aus folgenden Bereichen:

- Prozeßbereich mit 8 Basisstationen, wovon 4 als BSE-A arbeiten, d. h. zusätzlich mit einem Applikationsrechner ausgerüstet sind
- Wartenbereich mit 3 Pulssteuerrechnern, denen jeweils Farbmonitore, audatec-Bedientastaturen, je 2 Nadeldrucker K 6313 und Kassettenmagnetbandgeräte zugeordnet sind
- Führungsbereich mit über die Koppeleinheit KE angeschlossenem Prozeßrechnersystem K 1630 einschließlich umfangreicher Peripherie hierfür.

2.	Zum Prozeßbereich

Im Prozeßbereich werden etwa 900 Binärsignale, 75 Inkrement- bzw. Zählwerte sowie 75 Analogwerte (Prozeßstände und -größen) erfaßt und mittels der Eingangssignal-Anpassungsmodule aufbereitet.
Als Besonderheit ist hier zu erwähnen, daß sehr viele Prozeßgrößen zur Erfassung der Geometrie des AFB-Verbandes erforderlich sind. Das betrifft Standorte, Winkelstellungen u. a. Wegeänderungen. Zur Vereinfachung der Strukturierung der Inkrementenaufbereitung und für die Berechnung solcher Prozeßgrößen, wie Gleisabstände, Stützhöhendifferenzen, Schüttpunkte, Böschungswinkel, Vorlandbreiten u. a. wurden Sonderbasismodule entwickelt und mit Erfolg eingesetzt.
Die erforderlichen bergbautypischen Meßwertgeber sind fast ausschließlich langjährige Entwicklungsergebnisse des Breiches F/E des BKK'S und Erzeugnisse des nachgeschalteten eigenen Ratiomittelbaus.
Die Basisstationen sind so verteilt in den Schalthäusern der Bagger, Planiergeräte und der Förderbrücke bagger- und kippenseitig angeordnet, daß die Meßwerte auf kürzestem Leitungsweg herangeführt werden konnten. Letzteres trifft nicht für die 20 an mehreren BSE parallel angelegten Meßwerte zu. Das Erfordernis hierzu ergab sich aus dem fehlenden direkten Datenaustausch zwischen zwei Basiseinheiten. Etwa die Hälfte davon stellen aber gleichzeitig eine heiße Redundanz für wichtige Meßwerte (z. B. Standorte, Winkelstellungen und Rollentischverschiebung der F 60) dar.

Zur Sicherung der für diese Basisstationen vom Hersteller vorgegebenen Einsatzklasse wurden entsprechend isolierte und zusätzlich belüftete bzw. beheizte Räume durch die Großgerätehersteller LHW bzw. GDW bereitgestellt. Die Einhaltung der zulässigen Schwingungsbeanspruchung kann jedoch trotzdem noch nicht garantiert werden. Raumtemperaturen an heißen Sommertagen bis zu 50 °C wurden ohne Ausfälle überstanden. Die Verschmutzung unter diesen Einsatzbedingungen ist sehr groß, hat aber noch zu keinen nennenswerten Problemen geführt.

Mittels 50 binärer und analoger Prozeßausgaben von diesen Basisstationen werden Echtzeitsteuerungen bzw. Regelungen realisiert. So werden beispielsweise beide Brückenstützen durch Beeinflussung ihrer Fahrgeschwindigkeit nach wählbaren technologischen Zielfunktionen ständig automatisch geführt. Es können die Führungsgrößen

- Winkelfahrweise für die horizontale Massenverteilung auf die 3 Hochkippenabwürfe,
- Abstandsregelung des Schüttpunktes vom Gleisrost bei der Bekiesung der baggerseitigen Arbeitsebene über das rückwärtslaufende Hauptband,
- Dosierung der Massen (Schüttvolumen pro Wegeinheit) bei der Bekiesung der Arbeitsebene und
- Positionierung der baggerseitigen Brückenstütze zur Sicherung max. Bewegungsfreiheit beider Bagger bzw. der Position eines Baggers über den Querförderern

aufgeschaltet werden.
Für die Massenverteilung auf die 3 Hochkippenabwürfe nach vorgegebenem Teilungsverhältnis wurden Kaskadenregelungen aufgebaut. Auch für die Beschickung der Vorkippe ist eine Bandbeladungsregelung realisiert.
Das Planumsbaggern und das Planumskratzen sind automatisiert.
Insbesondere hierfür wurde der Einsatz der 4 Applikationsrechner erforderlich.
Zum Abspeichern der Vielzahl an Daten für die standortbezogenen Soll-Ist-Querneigungen der Arbeitsebene, Böschungswinkel sowie die Durchführung einiger komplizierter Berechnungen ist die BSE nicht geeignet. Außerdem werden in den Applikationsrechnern die Bildschirmmasken für die Prozeßkommunikation mittels MON2 in den Bagger- und Planiergerätefahrerständen aufbereitet.

3. Zum Wartenbereich

Die mit dem audatec-System erstmalig angebotene, an die jeweilige Problemstellung unkompliziert durch den Anlagenfahrer bzw. den System-Ingenieur anpaßbare Möglichkeit der Prozeß- und Systembeobachtung über eine Bildhierarchie sowie die Bedienung über Funktionstastaturen sind ein wesentlicher Fortschritt.
Sie bietet die Voraussetzung für eine komplexe Prozeßsteuerung und -automatisierung.

Für die Gestaltung der Prozeßkommunikation im Hauptleitstand der F 60 Reichwalde wurden diese Vorzüge genutzt. Über die 3 aufgestellten Bedienpulte BP 30 ist die Beobachtung des Betriebszustandes und Bedienung aller 16 Hauptaggregate (10 Gurtbandförderer, 3 Sattelwagen, 2 Brückenfahrwerke und das Schwenkwerk seitlicher Austragsförderer) mög-

lich. Das Ansprechen aller Sicherheitseinrichtungen einschließlich der teilweise zugehörigen Überbrückungsschalter wird signalisiert und registriert.
Eine Vielzahl von Prozeßgrößen zur Kontrolle und Bedienung der genannten Echtzeitsteuerungen bzw. Regelungen bis hin zu ökonomischen Größen werden auf den 3 Farbbildschirmen angezeigt. Dazu sind etwa 1000 KOMS eingerichtet.
Bei der Zusammenstellung der KOMS zu Gruppen und Übersichten wurden die Gewohnheiten der Anlagenfahrer beachtet.
Alle zur Beobachtung und Bedienung eines Hauptaggregates bzw. Teilprozesses erforderlichen KOMS wurden in einer Übersichtsdarstellung eingeordnet. Die 8 Übersichtsdarstellungen sind das MENUE für die Anwahl der etwa 1500 möglichen Bildschirmmasken.
Sie geben außerdem einen allgemeinen Überblick über den Betriebszustand bzw. anstehende Störungen und Alarme.
Die Informationen zur Beobachtung bzw. Bedienung eines Teilprozesses bzw. Aggregates wurden in Gruppen zusammengestellt. Dazu ein Beispiel für den Förderprozeß:

- GD 100 für die Förderwegvorwahl / Start und Stop der Bandanlage
- GD 105 für den Hauptförderer BD5
- technologische Störungen (purpur)
- mechanische Störungen (blau)
- elektrische Störungen (cyan).

Die umfassendste Information enthält die Einzeldarstellung ED. Dies soll am Beispiel der ED BD5 41050 erläutert werden.
Der Alpha-Teil der KOMS-Bezeichnung wurde zur Kurzbezeichnung des Aggregates genutzt (Beispiel BD5).
In dem 5stelligen numerischen Teil wurden folgende Angaben verschlüsselt:

- Ziffer 1   = Nr. der BSE, die die KOMS aufbereitet
- Ziffer 2 - 4 = Nr. der Gruppendarstellung
- Ziffer 5   = Nr. der Einzeldarstellung

Ist- und Sollwerte werden in Ziffern und als Balken dargestellt. Je 2 Unter- und Oberwerte sind einstellbar. 60 Trendwerte können im Zeitraster 1 s bis 6 h abgespeichert und quasigraphisch angezeigt werden.
Für die Beobachtung und Bedienung des Fahr- und Förderprozesses wurden je ein Anlagenbild gestaltet. Ein drittes Anlagenbild dient der Darstellung der für die Kontrolle der Einhaltung der technologischen Disziplin wesentlichen Prozeßgrößen, wie senkrechte Gleisabstände, Stützhöhendifferenzen, Neigungen der Arbeitsebenen, Kippenhöhen, Böschungswinkel u. a.
In alle Anlagenbilder sind die kumulativen Förderleistungen der beiden Bagger und des AFB-Verbandes eingeblendet. Für die Gestaltung dieser Anlagenbilder wurden die Möglichkeiten (max. 100 dynamische Informationen aus max. 25 KOMS) voll genutzt.
Das Prinzip der audatec-Alarmdarstellungen hat sich als durchaus brauchbar erwiesen. Kurzzeitig anstehende Meldungen gehen durch die Aufzeichnung der Historie nicht verloren. Noch anstehende, aber bereits nicht mehr in der AD erscheinende Meldungen kann man sich im Alarmzustandsprotokoll auf dem Monitor noch ansehen.

Für die Kennzeichnung der Prioritäten der Alarme sind folgende Farben vergeben:
- rot = Alles-Halt-Meldungen einschl. Überbrückungsschalter hierfür und Systemausfälle
- weiß = Antriebs-Halt-Meldungen einschl- Überbrückungsschalter und Funktionseinheitenausfälle
- gelb = Vorsignale u. a. Meldungen sowie Baugruppenausfälle.

Es kann bereits eingeschätzt werden, daß diese Bildschirmkommunikation für den Hauptleitstand einer F 60 eine entscheidende Verbesserung für die Prozeßführung darstellt. Der Übergang von der parallelen zur seriellen Informationsdarstellung und Prozeßbedienung wurde durch die Leitstandsmaschinisten innerhalb kurzer Zeit bewältigt und auch akzeptiert. Zu letzterem hat auch der gegenüber den anderen F-60-Verbänden höhere Automatisierungsgrad und die damit verbundene geringere Anzahl an Bedienhandlungen beigetragen.

Auch die mit den PSR bereits möglichen flexiblen Protokollierungen, wie
- Bedien- und Meldeprotokoll,
- Hardkopie von allen Bildschirmmasken,
- 10 wählbare Betriebsprotokolle
- Trendlogprotokollierung

werden genutzt. Diese Protokolle und die Trendlog-Aufzeichnungen für Analog- und Zählwerte haben sich für erste Prozeßanalysen und das Einfahren von Regelungen als wertvolle Unterstützungen erwiesen.
Alle Bilder können über jeden PSR/Monitor angewählt werden. Damit ist für die Wartenebene und den Datentransfer im audatec-Großverbund eine heiße Redundanz vorhanden.

Mit Hilfe der Eigendiagnose des Systems konnten innerhalb kurzer Zeiten von den System-Ingenieuren (1 Schichtbesetzung) bisher alle Fehler geortet und durch Baugruppen- bzw. Bauelementenaustausch beseitigt werden. Auch die Inbetriebnahme der GVA wurde durch 8 Mitarbeiter des AAC und des BKK'S ohne jede Mitwirkung des Herstellers GRW-Teltow innerhalb von 3 Monaten bewältigt.
Es kann von einer 100%igen Systemverfügbarkeit gesprochen werden, wobei dies aufgrund der relativ kurzen Betriebszeit von 10 Monaten nicht überzubewerten ist.
Diese ersten positiven Erfahrungen mit der Prozeßkommunikation und die zu erwartende Zuverlässigkeit des Systems haben bereits zu der Diskussion ermutigt, für zukünftige Großgeräteverbände auf das konventionelle Leuchtschaltbild und die Geräteschränke mit der Instrumentierung im Hauptleitstand ganz zu verzichten. Damit wird Platz gewonnen für den Aufbau eines übersichtlichen audatec-Fahrstandes mit 4 PSR. Die Ökonomie für den audatec-Einsatz wird verbessert.

4. Zum Führungsbereich

Die rechentechnische Grundlage hierfür ist das Prozeßrechnersystem K 1630 mit umfangreicher Peripherie, wie Wechselplattenspeicher, Magnetbandtechnik, Drucker und Bedienterminals.

Um Farbbildschirmdarstellungen über eine Entfernung >20 m zu ermöglichen, mußten 2 audatec PSR (Hardware) beschafft und selbst unter Nutzung der Robotron-CRT-Software zwei Terminals aufgebaut werden.
Im Führungsbereich werden 9 spezielle Protokolle für die ökonomische, technologische und sicherheitstechnische Kontrolle des Prozeßablaufes erstellt. Der relativ komplizierte Algorithmus für die Optimierung der Fahrbewegungen der F 60 und der Bagger wird hier abgearbeitet. Es werden die umfangreichen technologischen Vorgaben als Sollwerte für die in 2. genannten Steuerungen und Regelungen aufbereitet. Dazu erfolgt in einigen Fällen eine Fahrbarkeitskontrolle und die daraus abzuleitende Sollwertkorrektur.
Die erreichte Verfügbarkeit des K-1630-Systems entspricht bisher nicht den Anforderungen. Dies resultiert insbesondere aus der Tatsache, daß für die Instandsetzung der Robotron-Servicedienst vor Ort kommen muß. Die vereinbarte Rufzeit von 48 h ist unzureichend und wurde auch meist nicht eingehalten.
Für weitere Vorhaben besteht die Vorstellung, zur Aufwandsminimierung den WR K 1630 durch einen ESER PC 1834 zu ersetzen.

5. Schlußfolgerungen

Der mit dieser Automatisierungsmaßnahme erreichte Nutzen

- 10 % Leistungssteigerung der F 60, bezogen auf die Handfahrweise, das sind $8{,}0 \cdot 10^6$ m^3/a anteilige Abraumbewegung ab Regelbetriebsjahr 1991,
- 40 Tl/a DK-Einsparung durch Wegfall von Planierraupeneinsatz auf den beiden Arbeitsebenen (autom. Planumsbaggern u. -kratzen) und zur Gestaltung der Rekultivierungsebene (Kippenhöhenüberwachung),
- $3{,}84 \cdot 10^6$ kWh/a Elektroenergieeinsparung, überwiegend aus der Mehrleistung resultierend und
- 4000 h/a Arbeitszeiteinsparung

sowie die positiven Erfahrungen aus diesem audatec-Ersteinsatz auf einem Tagebaugroßverband führten zur Entscheidung der Nachnutzung an weiteren 3 Abraumförderbrücken F 60 im Rahmen von geplanten Rekonstruktionen im Zeitraum bis 1995. Der erste Nachnutzungsfall ist die PA F 60-Klettwitz-Nord mit Einsatztermin 12/90. Bis zu diesem Termin erfolgt auch bereits die Nachnutzung der Teilautomatisierung an 20 Eimerkettenbaggern der Typen Es 1120 bis 3750 mittels der autonomen audatec-Einrichtung BSE-AS.

Durch die hard- und softwaremäßig rechnergestützte projektierbare Nachnutzung der audatec-Lösung ist eine äußerst rationale Einsatzvorbereitung und Inbetriebnahme gewährleistet, wodurch der Aufwand gegenüber dem Ersteinsatzfall um 50 % reduziert werden soll. Die Flexibilität des Automatisierungsanlagensystems ermöglicht außerdem ein unkompliziertes Einarbeiten von Erkenntnisse aus weiteren Einsatzfällen.

Literaturverzeichnis

/1/ PAUSE, M.; NADEBORN, H.; KLUS, R.: Ein CAD-CAM-System zur Förderbrückensteuerung. Freiberger Forschungsheft A 780 (1988). VEB Deutscher Verlag für Grundstoffindustrie, Leipzig

Konzeption für ein Prozeßleitsystem
in der Zinnerzaufbereitung

Von H. SCHÖNE, P. METZING und U. FRANKE, Freiberg

1. Einleitung

Die volkswirtschaftlichen Anforderungen an die stabile Bereitstellung von metallischen Werkstoffen aus einheimischen Rohstoffen erfordern auch in der Aufbereitung der Erze qualitativ neue Schritte zur Intensivierung der Prozesse. Dabei soll unter Aufbereitung die Verarbeitung der bergbaulich gewonnenen Erze zu verhüttbarem Konzentrat verstanden werden. Dazu ist eine speziell auf das Erz abgestimmte Aufbereitungstechnologie erforderlich.
Bei komplexen technologischen Systemen kommt dem Einsatz von Prozeßleittechnik wachsende Bedeutung zu. Die zum Einhalten der Produktions-, Wartungs- und Instandhaltungstechnologien zu gewinnenden und zu verarbeitenden Informationen haben Ausmaße angenommen, die nur durch den Einsatz mikrorechnergestützter Automatisierungsmittel effektiv beherrschbar sind. Dem Bedienungs-, Instandhaltungs- und Leitungspersonal sind die Informationen so aufzubereiten, daß daraus die notwendigen Entscheidungen getroffen werden können. Das Ziel des Einsatzes der Rechentechnik besteht in der Erhöhung der Wirtschaftlichkeit der Aufbereitungsanlage durch die Nutzung vorhandener Reserven, d. h. der Erhöhung des Ausbringens bei sinkendem Verbrauch an Energie und Hilfsstoffen sowie der Erhöhung der Arbeitsproduktivität.
Es besteht die Aufgabe, für einen Betrieb der Zinnerzaufbereitung ein Gesamtkonzept für ein durchgängiges Prozeßleitsystem zu erarbeiten. Auf der Grundlage einer umfassenden Analyse der Automatisierungsaufgaben ist eine Konzeption der erforderlichen Hard- und Software zu erstellen. Die vorhandene technische Basis dafür bildet die Einführung eines ursadat-5000-Verbundsystems mit angekoppeltem Bürocomputer in der Prozeßstufe Flotation, dessen Hard- und Softwarekonzept auf der Nachnutzung eines bereits erprobten Systems beruht und das an die betriebsspezifischen Aufgaben angepaßt werden mußte.

2. Technologiebeschreibung

Die Aufbereitungsanlage hat die Aufgabe, aus dem in der Grube geförderten Rohhaufwerk ein verhüttbares Konzentrat zu erzeugen. Das Nutzmineral Kassiterit (SnO_2) ist mit einem geringen Gehalt (etwa 0,3 % Sn) im Erz enthalten und fein mit anderen Mineralen verwachsen. Deshalb ist eine mehrstufige Aufbereitung erforderlich. Bild 1 zeigt die Grobstruktur der Anlage. Der Aufbereitungsprozeß erfolgt in mehreren Stufen. Das Roh-

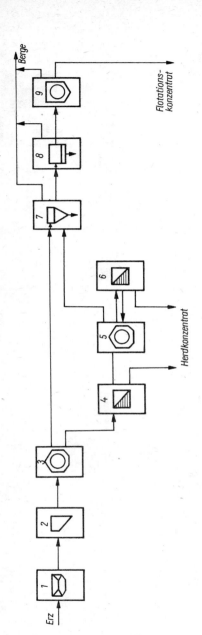

Bild 1. Technologisches Schema der Zinnerzaufbereitung

1 - Brecherstufen, 2 - Erzbunker, 3 - Erzbrecher, 4 - Primärmahlung, 5 - Sekundärmahlung, 6 - Sekundärnaßmechanik, 7 - Erzvorbehandlung, 8 - Flotation, 9 - Konzentratnachbehandlung

haufwerk wird in Kegelbrechern (Stufe 1) und nach Zwischenbunkerung (2) in Trommelmühlen (3) zerkleinert. Die jetzt vorliegende Erztrübe wird je nach Korngröße sofort der Erzvorbehandlung (7) oder den naßmechanischen Stufen (4, 6) zugeführt. In der Naßmechanik erfolgt die Sortierung des Zinnsteins auf Stoßherden. Dabei wird ein Herdkonzentrat (Reichkonzentrat) gewonnen. Zwischen den naßmechanischen Stufen erfolgt eine nochmalige Aufmahlung (5). In der Erzvorbehandlung (7) werden Reagenzien zur Verbesserung der Flotierbarkeitseigenschaften zugesetzt. Außerdem erfolgt eine mehrstufige Hydrozyklonklassierung zur Abscheidung von Feinschlämmen und die Aufteilung in Grob- und Feinkorntrübe, die in der Flotationsstufe (8) getrennt verarbeitet werden. Dort wird das Flotationskonzentrat (Armkonzentrat) erzeugt, das in der Konzentratnachbehandlung (9) entwässert wird.

Eine detailliertere Struktur der Aufbereitungsanlage ist in Bild 2 dargestellt. Aus ihr sind bereits Rückschlüsse auf das erforderliche Überwachungs- und Steuerungssystem zu ziehen. Bei vielen gleichartigen, parallel vorhandenen Aggregaten geringer Kapazität sind Störungen weniger von Bedeutung als bei Großaggregaten (z. B. Mühlen). Es ist zu erkennen, daß die Aufbereitung von Zinnerz ein komplexer Prozeß ist. Dessen technologischer Erfolg hängt von der Einhaltung der technologischen Zielgrößen in den einzelnen

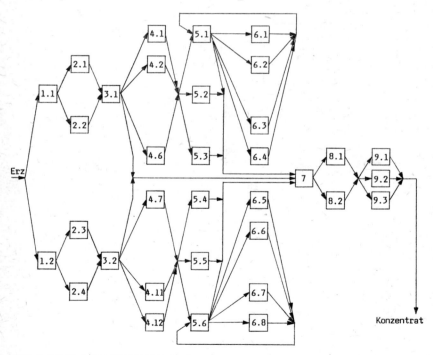

Bild 2. Struktur des Aufbereitungssystems

Stufen sowie von der Koordinierung der Prozeßabschnitte ab. Die nachfolgende Verhüttung des Konzentrats stellt die Forderung nach der Einhaltung mehrerer Qualitätskriterien (neben Zinngehalt z. B. $FeO-SiO_2$-Verhältnis).

3. Stand der Automatisierungstechnik in der Anlage

Die meßtechnische Situation ist, wie in den meisten Mineralaufbereitungsanlagen dadurch gekennzeichnet, daß nicht alle interessierenden Prozeßgrößen erfaßbar sind /1, 2/. Von seiten des Betriebes wurden jedoch große Anstrengungen zur Verbesserung der Ausstattung mit Meßtechnik unternommen. So werden Trübevolumenströme (magnetinduktiv), Trübedichten und Trübezinngehalte (radiometrisch) gemessen. Desweiteren sind Bandwaagen zur Erzmengenmessung, pH-Wert-Meßgeräte und Füllstandsmeßeinrichtungen für Pumpensümpfe im Einsatz. Andere wichtige Größen wie Korngrößenverteilungen und Aufbereitbarkeitseigenschaften des Erzes (Zerkleinerbarkeit, Flotierbarkeit u. a.) sind nicht meßbar, sondern nur über Beprobung und Laboranalysen bestimmbar. In den Meßwarten sind gegenwärtig noch konventionelle Anzeige- und Registriergeräte (Schreiber) und analoge Steuergeräte im Einsatz. Damit werden die Stabilisierung der Trübedichten und von Füllständen der Pumpensümpfe sowie die volumenstromproportionale Reagenszugabe zur Flotation realisiert.

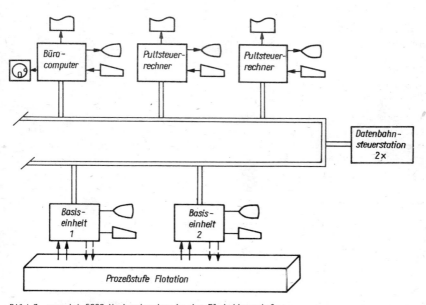

Bild 3. ursadat-5000-Verbundsystem in der Flotationsstufe

Mit dem bereits angedeuteten Einsatz eines dezentralen Automatisierungssystems auf der Basis ursadat 5000 wird in der Flotationsstufe ein qualitativ neues Niveau erreicht. Damit wird eine in Bild 3 dargestellte Ebenenstruktur des Verbundsystems realisiert /3/. Die prozeßnahen Basiseinheiten sind direkt in den Warten untergebracht. Sie dienen der Kopplung mit der im Prozeß installierten Meßtechnik (E1) und realisieren die Meßwertaufnahme und -vorverarbeitung (E2). Außerdem wird die Kommunikation mit dem Wartenpersonal über Tastatur und Display ermöglicht (E3). Dazu besteht die Möglichkeit der alphanumerischen Anzeige der Meßwerte sowie die Trendverfolgung auf graphischen Darstellungen. Die Pultsteuerrechner dienen der Kommunikation mit dem Gesamtsystem der Aufbereitung (E4). Es werden Alarm- und Schichtprotokolle erstellt sowie die Betriebsstundenprotokolle wichtiger Aggregate (Pumpen) ausgegeben. Ein angeschlossener Bürocomputer arbeitet als Wartenrechner und übernimmt die Archivierung der Daten auf Diskette und das Erstellen von Bilanzen.

4. Aufgaben eines Prozeßleitsystems

Bei der Erweiterung des Prozeßdatenerfassungssystems der Flotationsstufe zu einem hierarchisch strukturierten, dezentralen Automatisierungssystem sind die Automatisierungsfunktionen

- Prozeßüberwachung,
- Prozeßstabilisierung,
- Prozeßsicherung,
- Prozeßführung,
- Prozeßbilanzierung und
- Prozeßoptimierung

zu berücksichtigen /4/. Dazu ist das Konzept der Funktionshierarchie auf die gesamte Aufbereitung zu erweitern (Bild 4). Entsprechend der Aufgabenstellung sind die Modellebenen 1 bis 4 zu bearbeiten. Der Informationsaustausch zwischen den Ebenen (Schnittstellen) ist zu berücksichtigen.

Bild 4. Modell der Funktionshierarchie und Umsetzung auf das Aufbereitungssystem
E5 - Betriebsleitebene, E4 - Produktionsleitebene, E3 - Prozeßleitebene, E2 - Feldebene, E1 - Meß- und Stellebene

Auf den prozeßnahen Ebenen 1 bis 3, die den technologischen Prozeßstufen zugeordnet sind, müssen Aufgaben der Basisautomatisierung realisiert werden. Dazu gehört das Erfassen und Vorverarbeiten sämtlicher notwendiger, meßtechnisch erfaßbarer Prozeßgrößen. Das sind z. B. Volumenströme, Trübedichten, Zinngehalte, Füllstände, Einschaltzustände. Wichtig ist weiterhin ein kontinuierlicher Überblick über den Verbrauch an Energie, Wasser und Hilfsstoffen (Reagenzien). Die Prozeßüberwachung beinhaltet weiterhin die Berechnung nicht direkt meßbarer Prozeßgrößen und deren Anzeige. Dazu zählen Feststoffmassenströme $\dot{m}_{FS}$, die sich aus Trübevolumenstrom $\dot{V}_{Tr}$ und Trübedichte ϱ_{Tr} berechnen lassen, wobei K eine von der Erzdichte abhängige Konstante ist:

$$\dot{m}_{FS} = \dot{V}_{Tr} \cdot K \cdot (\varrho_{Tr} - 1)$$

Die Zinnmasseströme sind als Produkt aus Feststoffmassestrom $\dot{m}$ und Zinngehalt c berechenbar.

Als wichtige technologische Kenngröße zur Beurteilung des Flotationsprozesses nutzen die Betreiber das Zinnausbringen R_{Sn} /5/:

$$R_{Sn} = \frac{m_C \cdot c_C}{m_A \cdot c_A}$$

Sie beinhaltet das Verhältnis vom im Konzentrat ausgebrachten (Index C) zum in der Aufgabe (Index A) enthaltenen Zinn.

Die Prozeßsicherung auf diesem Hierarchieniveau hat vor allem die Funktionssicherheit der Aggregate zu gewährleisten. Prozeßgrößen, die als Indikatoren für abnorme Betriebszustände oder den Ausfall von Aggregaten sind, müssen auf die Überschreitung von Grenzwerten überwacht werden und bei Notwendigkeit Alarm auslösen. Dabei ist zu beachten, daß ein Teil der Sicherungsaufgaben bereits von der elektrotechnischen Anlage realisiert wird, z. B. Verriegelungsschaltungen und Überlastungsschutz. Jedoch sind beispielsweise Lagertemperaturüberwachungen zur Vermeidung von Lagerschäden und zur Vorbeugung von langfristigen Stillständen erforderlich.

Als weitere wichtige Aufgabe, die in den Basiseinheiten zu erfüllen ist, sei die Prozeßstabilisierung genannt. Besonders die Nichtmeßbarkeit vieler Prozeßgrößen, wie Korngrößenverteilung, Erzverwachsungsverhältnisse, Schaumeigenschaften u. a., ergibt Probleme bei der mathematischen Beschreibung der Prozeßzusammenhänge und daraus abgeleiteter Steuerstrategien. Einfache Regelkreisstrukturen sind mit Erfolg für die Stabilisierung von Trübedichten und Pumpensumpffüllständen im Einsatz. Für ganze Prozeßstufen, die überdies Kreisläufe enthalten, sind komplexere Steueralgorithmen zu erarbeiten. Dabei soll die anfänglich erforderliche open-loop-Steuerung mit Verbesserung der Prozeßkenntnis schrittweise in automatische Steuerungen umgewandelt werden.

Auf der höheren Ebene der Steuerungshierarchie (Produktionsleitebene) sind ebenfalls Überwachungsfunktionen zu realisieren. Die in den einzelnen Prozeßstufen anfallenden Daten sind zu sammeln, entsprechend zusammengefaßt darzustellen und im erforderlichen Umfang zu archivieren. Dabei ist die Überwachung des Gesamtsystems zu gewährleisten.

Außerdem sind nicht meßtechnisch im Prozeß erfaßte, aber über Laboranalysen bereitgestellte Daten in das Rechnersystem einzugeben.
Die Prozeßbilanzierung umfaßt alle örtlichen und zeitlichen Bilanzen. Dazu gehören Aussagen zum Verbrauch an Wasser, Energie und Hilfsstoffen für die entsprechenden Bilanzzeiträume ebenso wie die Abrechnung von Arbeitsleistungen und technologischen Ergebnissen einzelner Prozeßstufen wie Durchsätze und mittleres Ausbringen. Es sind entsprechend nutzbare Protokolle zu erstellen, die in Papier- oder maschinenlesbarer Form zur weiteren Abrechnung auf höheren Leitungsebenen genutzt werden können.
Die Prozeßführung beinhaltet die Reaktionen auf Störungen, die innerhalb der einzelnen Prozeßstufen nicht mehr ausgeglichen werden können. Im normalen Betriebsregime haben instationäre Fahrweisen eine untergeordnete Bedeutung, da es sich um einen Fließprozeß handelt, in dem kontinuierlich nur ein Produkt erzeugt wird und die An- und Abfahrvorgänge gegenüber dem stationären Betrieb einen kurzen Zeitraum umfassen. Auf der Ebene der gesamten Aufbereitung (Produktionsleitebene) sind Entscheidungen über Umfahrvorgänge nicht mehr automatisch realisierbar. Hier muß der Mensch als Operator und Entscheidungsträger fungieren. Er ist jedoch durch geeignete Hilfsmittel im Prozeßleitsystem weitgehend und wirkungsvoll zu unterstützen.

5. Aufgabenstellung und Lösungsansätze

Die Grundlage für die Erarbeitung der Struktur des Prozeßleitsystems Aufbereitung bildet das Modell der funktionellen Hierarchie des Aufbereitungssystems. Dabei sind die prozeßnahen Ebenen bis zur Prozeßleitebene entsprechend den technologischen Prozeßstufen gegliedert. Die Produktionsleitebene hat die Funktionen für das gesamte Aufbereitungssystem zu erfüllen. Die Basis für die Bearbeitung der Automatisierungsaufgaben bildet eine Analyse der Störgrößen, die vorrangig aus längerfristigen betrieblichen Aufschreibungen und Expertenbefragung resultiert. Von besonderer Bedeutung sind dabei statistische Aussagen zum Ausfallverhalten von Aggregaten und zur Veränderung von Erzeigenschaften.
Aus einer Ausfallanalyse und der Struktur der Gesamtanlage können Rückschlüsse auf zu erfüllende Prozeßsicherungsaufgaben abgeleitet werden.
Weiterhin ist der Informationsaustausch zwischen den Hierarchieebenen zu analysieren und durchschaubar zu gestalten. Daraus lassen sich die Anforderungen an die Schnittstellen formulieren.
Für die operative Prozeßführung ist eine übersichtliche Darstellung des aktuellen Zustandes des Gesamtprozesses zu gewährleisten. Dem schichtleitenden Ingenieur sind bei Abweichungen vom normalen Betriebsregime Hilfsmittel zur Einschätzung des aktuellen Prozeßzustandes und zur Vorgabe von Handlungsvorschlägen zur Verfügung zu stellen. Eine Möglichkeit ist die Bereitstellung eines Simulationsmodells der Aufbereitungsanlage bzw. von Teilen davon.
Beim Entwurf der Automatisierungsstrukturen zur Prozeßstabilisierung ist zu beachten, daß es sich bei Aufbereitungssystemen meist um Mehrgrößensysteme handelt. Als Beispiel sei die Flotationsstufe genannt. Ihre prinzipielle Struktur ist in Bild 5 ersichtlich.

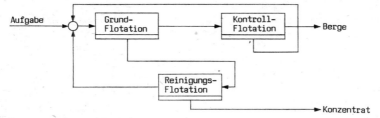

Bild 5. Struktur der Flotationsstufe

Als Störgrößen treten Erzeigenschaftsschwankungen (Verwachsungsverhältnisse, Hydrophobierbarkeit, Zinngehalt, Zusammensetzung), Schwankungen im Trübevolumenstrom, der Trübedichte und in den Reagensqualitäten auf. Die Zielgrößen der Flotation sind der Zinngehalt des Konzentrats und die Konzentratmenge. Die Steuergrößen Luftvolumenstrom, Trübeniveau und Reagenszugabe wirken verkoppelt auf die Zielgrößen, d. h., es liegt ein Mehrgrößensystem im kybernetischen Sinne vor. Die Betrachtung einer Flotationsmaschine als Zweigrößensystem erscheint möglich, wobei die Steuergrößen Flotationsluft und Wehrhöhe des Bergeabflusses verkoppelt auf den Zinngehalt und den Massestrom des Konzentrats wirken (Bild 6).

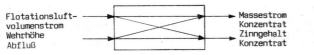

Bild 6
Darstellung der Flotation als Zweigrößensystem

Eine praktischen Erfordernissen gerecht werdende Lösung dieses Mehrgrößenproblems würde zweifellos eine erhebliche Stabilisierung des gesamten Flotationsprozesses bewirken.

Ein weiterer Schwerpunkt besteht in der Bereitstellung eines Systemmodells für den schichtleitenden Ingenieur der Aufbereitung, das eine Simulation des zeitlichen Verhaltens ermöglicht und so Unterstützung bei der Entscheidungsfindung über notwendige Steuerreaktionen, vor allem bei Ausfall von Systemkomponenten entsprechend Bild 2, liefert. Mit diesem Systemmodell können z. B. neue Arbeitspunkte für die funktionstüchtigen Teilsysteme ermittelt werden.

Zur Modellierung wird das technische System als aus Teilsystemen und ihren stofflichen, energetischen und informellen Verbindungen untereinander bestehend betrachtet. Die Beschreibung der Verknüpfungen erfolgt in der für numerische Berechnungen zweckmäßigen Form von Matrizengleichungen /6, 7/. Dazu wird das technologische Schema in eine Graphendarstellung überführt. Die Knoten des Graphen sind dabei die Teilsysteme (Elemente) und die Kanten kennzeichnen die Verbindungen zwischen den Elementen. Zu diesem Graphen existiert eine umkehrbar eindeutige Relationsmatrix. Ein Beispiel zeigt Bild 7. Mit Hilfe einer derartigen Schreibweise kann die Berechnungsvorschrift für alle Verbindungen zwischen den Elementen, d. h. die Struktur des technischen Systems, angegeben werden.

Nun werden noch die Relationen zwischen Ein- und Ausgängen innerhalb der Elemente, d. h. die mathematischen Modelle der Teilsysteme selbst, benötigt, um das Gesamtsystem berechnen zu können. Erfahrungsgemäß bestehen große Schwierigkeiten bei der Bereitstellung dieser mathematischen Modelle für die Teilsysteme. Dazu ist die Zusammenarbeit mit den technologischen Fachspezialisten unumgänglich. Teilweise sind Näherungen des zeitlichen Verhaltens verwendbar, wobei die Masseströme oft durch PT_1T_L-Verhalten approximiert werden können.

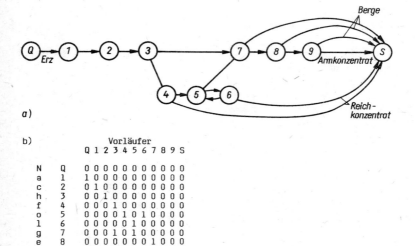

a)

b)
```
              Vorläufer
              Q 1 2 3 4 5 6 7 8 9 S
N   Q         0 0 0 0 0 0 0 0 0 0 0
a   1         1 0 0 0 0 0 0 0 0 0 0
c   2         0 1 0 0 0 0 0 0 0 0 0
h   3         0 0 1 0 0 0 0 0 0 0 0
f   4         0 0 0 1 0 0 0 0 0 0 0
o   5         0 0 0 0 1 0 1 0 0 0 0
l   6         0 0 0 0 0 1 0 0 0 0 0
g   7         0 0 0 1 0 1 0 0 0 0 0
e   8         0 0 0 0 0 0 0 1 0 0 0
r   9         0 0 0 0 0 0 0 0 1 0 0
    S         0 0 0 0 1 0 1 1 1 1 0
```

Bild 7. Kopplungsgraph (a) und Relationsmatrix (b) des technologischen Schemas nach Bild 1

6. Zusammenfassung

Ausgehend von der Beschreibung der Technologie der Zinnerzaufbereitung und des Standes der Automatisierungstechnik sind die Schritte zum Entwurf eines Prozeßleitsystems für den Aufbereitungskomplex dargestellt. Das zugrundeliegende Modell der Funktionshierarchie und dessen Umsetzung auf die technologische Anlage werden veranschaulicht und die abzuarbeitenden Automatisierungsfunktionen abgeleitet. Die zu bearbeitenden Aufgaben werden den jeweiligen Hierarchieebenen zugeordnet und die Vorgehensweise bei Umsetzung angedeutet.

Literaturverzeichnis

/1/ BROUSSAUD, A.: A.: Advanced Computer Methods for Mineral Processing: Their Function and Potential Impact on Engineers Practices. XVI. International Mineral Processing Congress, Stockholm, Sweden, 1988. Elsevier Science Publishers, Amsterdam, 1988

/2/ LYNCH, A.-J., ELBER, L.: Modelling and Control of Mineral Processing Plants. Automation in Mining, Mineral and Metall Processing Proceedings of the 3rd IFAC Symposium, Montreal, Canada, 1980. Pergamon Press, Oxford, 1981

/3/ BRATFISCH, W.-J., HAUSCHILD, M., HUTZSCH, K.-P., PRANG, N.: Zentralisierte Prozeßführung mit einer Rechnerverbundanlage auf der Basis des Automatisierungssystems ursadat-5000. Vortrag auf dem XXXIX. Berg- und Hüttenmännischen Tag der Bergakademie Freiberg, Freiberg 1988

/4/ METZING, P., REINHARDT, H., BALZER, D.: Prozeßsteuerung. VEB Deutscher Verlag für Grundstoffindustrie, Leipzig 1986

/5/ SCHUBERT, H.: Aufbereitung fester mineralischer Rohstoffe, Band I, 3. Auflage. VEB Deutscher Verlag für Grundstoffindustrie, Leipzig 1975

/6/ RICHTER, D. M.: Strukturmodellierung in der mechanischen Verfahrenstechnik. Freiberger Forschungsheft A 688. VEB Deutscher Verlag für Grundstoffindustrie, Leipzig 1984

/7/ FERRARA, G., GUARASCIO, M., SCHENA, G.: Modelling and Simulation of Integrated Plant Operations of Mineral Processing. Control '84 - Mineral/Metallurgical Processing, Los Angeles. SME of the AIME, Inc. New York, 1984

Ein Automatisierungssystem zur Überwachung eines Erdöl- und Erdgasfeldes in Südungarn

Von M. OLÁH, I. GYURICZA, L. RÁTKAI, É. KOVÁCS-RÁCZ, Miskolc, und L. IVANYOS, Budapest

Das hier beschriebene System enthält 1224 analoge, 103 digitale Meßkanäle, 131 Meßkanäle für Puls-Inkremente und 4297 binäre Meldekanäle. Diese Angaben beziehen sich auf die gegenwärtige Ausbaustufe. Bei Bedarf ist eine Erweiterung um 40 Prozent möglich. Die technologische Datenbasis (TDB) ist fünfdimensional.
Zur Erklärung der Daten-Koordinaten:

1. "Typ": Das bedeutet die Sammlung von Datensätzen mit gleicher Struktur.
2. "ITE": Das heißt Informations- oder technologische Einheit, darunter ist eine Gruppe von Datensätzen innerhalb eines Typs, wie zum Beispiel von einer fernbedienten Substation, zu verstehen.
3. "Subtitel" (Rekord): Darunter wird die Sammlung der einem Meßkanal zugeordneten Daten innerhalb der "ITE" verstanden.
4. "Feld": Datenvektor innerhalb des Subtitels.
5. "Komponente": Sie stellt eine der Komponenten des Datenvektors (Feldes), zugleich die elementare Dateneinheit, z. B. eine Gleitkommazahl oder eine binäre Ziffer dar.

Die Datenbasis ist teils im operativen Speicher, teils auf Winchester-Platte gespeichert (im weiteren als Disc bezeichnet). Einige ihrer Teile sind auch im Multiprozessor-Prozess-Interface und in den intelligenten - also auch die Vorbearbeitung durchführenden - Substationen enthalten.
Die Datensammlung erstreckt sich nur auf die signifikant veränderten Daten mit dementsprechend veränderter Zykluszeit (4 bis 6 Minuten).
Die Funktionen des Systems sind leicht übersehbar, wenn es in funktionelle Subsysteme gegliedert wird. Im folgenden werden die charakteristischen Subsysteme aufgeführt.

Systemüberwachung

Not - Meldungen sind im Klartext auf dem alphanumerischen Bildschirm der Terminals ausgeschrieben und auf Disc gespeichert. Sie werden abgeleitet von Kontaktmeldern über

- die Grenzwerte verschiedener Behälterniveaus,
- den Betriebszustand der wichtigen Einzelanlagen und
- die Gaskonzentration der explosionsgefährdeten Zonen.

Gewöhnliche Meldungen werden durch die folgenden Betriebszustände ausgelöst:
- die Zustandsänderung eines Schiebers
- die eventuelle Verspätung dieser Zustandsänderung
- die Zustandsänderung produzierender Einheiten (z. B. Brunnen)
- die Veränderung von diskreten Betriebszuständen mit sonstiger Bedeutung
- die Verletzung eines in TDB gespeicherten Grenzwertes von Meßdaten
- das Auftreten von Fehlersituationen in den Informationskanälen.

Die auf dem Bildschirm ausgeschriebenen Meldungen sind im Archivspeicher enthalten und werden automatisch durch die folgende Meldung überschrieben, wenn der Bedienungsmann des Terminals sie innerhalb 18 Sekunden nicht quittiert hat. Die Meldungen können gleichzeitig an mehreren Terminals angezeigt werden; die entsprechende Adressierung - die sogenannte Kompetenz - kann für jeden Kanal vorgeschrieben sein.

Produktregistratur

Es ist bei einem Meßkanal fakultativ möglich, einen Durchschnitt für 2 Stunden, 8 Stunden, einen Tag, einen Monat zu bilden. Bei einer kumulativen Messung kann das Zeitintegral ermittelt werden. Das System speichert die Meßdaten den Kanälen nach. Es wird der Meßwert des Inhaltes jedes Behälters in jedem Meßzyklus aktualisiert und in Prozent des Volumens des vollen Behälters angegeben.
Die Produktionsdaten der Ölsammel- und der Gassammelstationen erneuern sich in jeder Stunde, ebenso wie die von der Gasübergabestation abgegebene Gasmenge. Es wird von dem System gewährleistet, daß nur das kompetente Terminal in die Registratur einsehen kann.

Verfolgung der Produkte

Das System registriert die Flüssigkeitsbewegung, die Gasbewegung innerhalb des Betriebes nach den Zielstationen und auch die Behälteroperationen (Auffüllung, Entleerung, Umfüllung).

Brunnenregistratur

Das System registriert fortlaufend die drei Betriebszustände der Brunnen (geschlossen, an einem gemeinsamen Separator angeschlossen oder an einem Meßseparator angeschlossen) und die in je einem Betriebszustand verbrachte Zeit. Die Produktionsdaten des am Meßseparator angeschlossenen Brunnens (Hauptprodukt, Nebenprodukt, Hilfsmaterial, Mitteltemperatur und Mitteldruck) werden vom System auf 24 Stunden umgerechnet und archiviert.

Beobachtung ("Lupe")

Die Daten und Parameter eines Informationskanals sowie die Daten beliebiger Gruppen der Meß- oder Meldekanäle sind von einem beliebigen Terminal zugänglich, wenn das Terminal - aufgrund der je Terminal festgelegten "Einsehenskompetenz" - dazu berechtigt ist, die

Daten anzuzeigen. Zu diesem Zweck stehen auf jedem Terminal mindestens ein alphanumerisches Display und zahlreiche Fertigprogramme zur Verfügung, die aufgrund einer Menüliste sehr einfach zu aktivieren sind. Zu den wichtigsten Terminals gehören ein farbiges quasigraphisches Display und ein Protokolldrucker mit breitem Format sowie ein aus euro-SAM-Modulschaltkreisen gebauter Mikrorechner (hergestellt durch MMG Automatikwerke Budapest). Er dient zur Trennung der auf dem gemeinsamen seriellen Datenbus eintreffenden Informationen und der Speicherung des konstanten Teiles der farbigen Bilder und deren Entwicklung. Die farbigen Bilder und die Protokolle sind aus demselben Menü auszuwählen, wie die datenanzeigenden Programme des alphanumerischen Displays und sind in einer ihnen ähnlichen Weise zu aktivieren.

Zu der "Lupe"-Funktion ist auch die Möglichkeit der Langzeitregistrierung zu zählen. Ein beliebiger Meß- oder Meldekanal kann zur Langzeitregistrierung bestimmt werden. Das bedeutet, daß jede Datenänderung des Kanals - einschließlich der auf die Datengültigkeit hinweisenden Qualifizierung und des Zeitpunktes der Änderung - registriert wird. Die Datenreihe kann nachträglich angezeigt oder verarbeitet werden.

Die Datengültigkeit ist gegeben:

- "Gültig" ist der Meßwert, wenn die Substation (aus der er stammt) "aktiv" ist und der Analog/Digital-Konverter ordnungsgemäß arbeitet, der Kanal "aktiv" ist und der Wert innerhalb des Arbeitsbereiches vom Transmitter sowie auch im physikalisch möglichen Bereich liegt. Binäre Signale jedes "aktiven" Meldekanals sind dann gültig, wenn sie aus einer "aktiven" Substation eintreffen.
- "Ersetzt" ist der Meßwert, wenn er außerhalb des Arbeitsbereiches des Transmitters oder dem physikalisch möglichen Bereich liegt. Sein Wert stimmt dann mit dem letzten gültigen Meßwert der zugehörigen "aktiven" Substation überein.
- "Ungültig" sind die Meßdaten oder die Signale, wenn sie von einer "passiven" Substation eintreffen oder von einem "passiven" Meß- bzw. Meldekanal geliefert werden. Ungültig sind ebenso die unzulässigen Kombinationen der binären oder ternären Meldepaare oder der Meldegruppen, die höchstens 8 bit umfassen können.

Aus dem Aufbau des Software-Systems wird zur Charakterisierung die Organisation der Datenverarbeitung hervorgehoben.
Die Tasks, die die automatische Datenverarbeitung durchführen, können in drei Gruppen eingeteilt werden:

- Organisationstasks
- periodisch (pro 1-2-8-24 Stunde) eingesetzte Tasks
- von einem Ereignis abhängig eingesetzte Tasks.

Die Hauptorganisationstask heißt CTRL. Sie ist aktiviert durch ein globales Ereignis-Flag (Nr. 46.). Von der Organisationstask wird - aufgrund eines speziellen Typs der Datenbasis - geprüft, welche Tasks gestartet werden müssen, und sie werden dementsprechend aktiviert, wenn die Voraussetzungen vorhanden sind.
Für die Eintragung des Bearbeitungsendes sorgt jede Task selbst.

Um die CTRL-Task von der periodischen Abfrage der System-Uhr zu befreien, wird die Hilfsorganisationstask CTRLT nach jeder vollen Stunde aktiviert und die CTRL-Task von ihr gestartet. Die periodisch gestarteten Tasks sind im Bild 1 dargestellt.

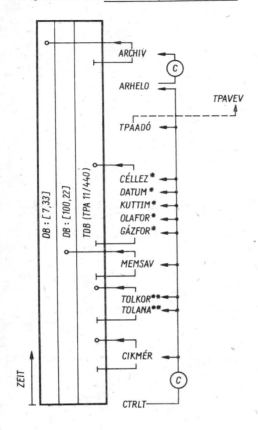

Bild 1
Die Organisation des Laufes von periodisch gestarteten Tasks
C - von der Task CTRL gestartet
* - können gleichzeitig laufen
** - laufen immer gleichzeitig

Von der Organisationstask wird zuerst die Task CIKMÉR gestartet, die in der Datenbasis die Integration der Meßwerte bezüglich der vergangenen Stunde abschließt. Dann laufen die Tasks TOLANA und TOLKOR an. Von ihnen werden die Daten der abgeschlossenen Stunde in einen discresidenten Speichertyp erfaßt. Darauf folgend wird die volle speicherresidente Datenbasis von dem Programm MEMSAV auf Disc übernommen, damit sie in der folgenden Stunde als Grundlage einer eventuell durchzuführenden Übernahme der Daten auf die Hintergrundmaschine TPA 11/440 dienen kann.

Anschließend werden (gleichzeitig) die Programme abgearbeitet, die im Bild 1 mit Stern gekennzeichnet sind. Die Tasks GÁSFOR und OLAJFOR ordnen die nach den vollen Stunden

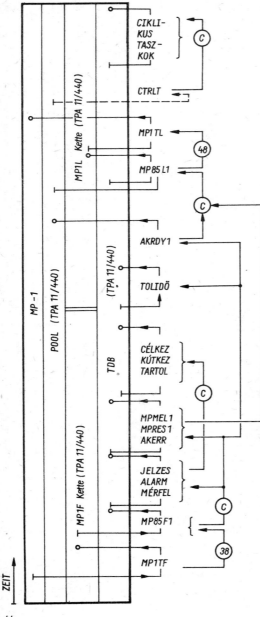

Bild 2. Die Organisation des Laufes von ereignisabhängig gestarteten Tasks
C - von der Task CTRL gestartet

abgeschlossenen Daten über die Gas- und Ölbewegung den Sammelstationen zu. Von der Task KUTTIM wird die Tagesbetriebszeit der Gas- und Ölbrunnen um 6 Uhr morgens täglich festgestellt und von der Task DÁTUM das Tagesdatum um Mitternacht aktualisiert sowie ein Bericht auf dem Hard-copy-Druckern ausgegeben. Von der Task CÉLLEZ werden die Nachweise über den Materialverkehr jeweils zum Schichtwechsel abgeschlossen.
Der Hintergrundmaschine wird vom Programm TPAADÓ nach dem Ablauf der bisher erwähnten Tasks angezeigt, ob die stündliche Datenrettung durchzuführen ist (auf der Hintergrundmaschine wird das vom Programm TPAVEV beachtet).
Am Ende jeder Schicht laufen die Programmpaare ARCHELO und ARCHIV an. Von dem einen wird die Archivierung bestimmter Daten vorbereitet und vom anderen durchgeführt.
Die Verarbeitungstasks, die abhängig von einem Ereignis gestartet werden, sind im Bild 2 dargestellt. Von dem Datenübertragungs-Programm MP1TF werden die zuletzt veränderten Daten einer Substation in eine Datenkette eingeschrieben, und dieses Programm startet die Task MP85F1 mit Hilfe des globalen Ereignis-Flag 38. Sie sortiert die neu eingetroffenen Daten und schreibt sie ins entsprechende Fach der Datenbasis ein. Dann werden von ihr die sogenannten Grundverarbeitungstasks (MÉRFEL, ALARM, JELZÉS) gestartet, wobei sie ihnen in einer Tabelle auch mitteilt, aus welcher Substation Daten angekommen und in welchen Kanälen Daten geändert sind. Im Falle der Änderung des Niveaus eines Behälters wird schließlich die Task TARTOL von der Task MÉRFEL gestartet. Die Task TARTOL rechnet den veränderten Vorrat aus. Von der Task JELZÉS wird vor der Beendigung seiner Tätigkeit bei Veränderung des Betriebszustandes eines Brunnens das Programm KÚTKEZ, beim Wechseln von Zielstationen aber das Programm CÉLKEZ gestartet.
Nach der Abfrage einer Substation wird von der Hauptorganisationstask CTRL das Programm TOLIDÖ aktiviert. Es kontrolliert, ob die Schieber ihre Funktionen innerhalb der vorgeschriebenen Zeit durchgeführt haben.
Nach dem Ablauf der Grundverarbeitungsprogramme läuft auch das Programm AKRDY1 an, um der Task MP85L1 eine Mitteilung zu senden. Daraufhin wird von dieser Task ein Telegramm an den Multiprozessorrechner als Prozessinterface mit Hilfe des Programms MP1TL übertragen. Das Prozeßinterface erfährt daraus, ob es die Daten der nächsten Substation übergeben kann.
Die Organisation des Ablaufes der Tasks wurde so realisiert, daß sie einerseits bezüglich des Operationssystems RSX, anderseits auch bezüglich des gegebenen verfahrenstechnischen Systems optimal ist. Die Betriebserfahrungen bestätigten unsere Vorstellungen.

Prozeßnahe Steuerungen

Stand und Anwendungsmöglichkeiten

Von H. EHRLICH, Leipzig

1. Einleitung

Die Entwicklung von industriellen Automatisierungssystemen resultiert aus gesamtgesellschaftlichen Anforderungen an eine moderne Produktion. Demzufolge sind entsprechende Zielstellungen der Automatisierung und im engeren Sinne der automatisierten oder der automatischen Steuerung aus Zielen, Merkmalen und Besonderheiten der technologischen Prozesse abzuleiten. Aus diesem Zusammenhang resultiert die dialektische Einheit von Prozeß und (automatisierter bzw. automatischer) Steuerung. Eine Automatisierungslösung widerspiegelt in dualer Weise den zu steuernden technologischen Prozeß. Wenn nachfolgend speziell zu den prozeßnahen Steuerungen Stellung genommen wird, ist zu beachten, daß diese integrierter Bestandteil einer Gesamtlösung sind. Sie decken eine Teilmenge von Anforderungen, die aus der modernen Produktion resultieren, ab, und beinhalten die folgenden wesentlichen Gesichtspunkte:

- ständige Erhöhung der Produktivität, des Durchsatzes, der Erzeugnismenge je Produktionseinheit bei Belastung der Anlagen bis nahe an ihre technisch zulässigen Grenzen
- zunehmende Komplexität und Dimension des zu steuernden Systems
- erhöhte Anforderungen an die Flexibilität der Produktion und die Mehrfachausnutzung
- von Anlagen für unterschiedliche Produkte bzw. Arbeitsgänge
- Integration von Hilfs- und Nebenprozessen sowie aller Phasen eines Produktions- oder Lebenszyklus einer Anlage in ein Gesamtkonzept.

Die Lösung der daraus ableitbaren Automatisierungsaufgabe in einer geschlossenen Form, etwa in Form einer Optimierungsaufgabe, erscheint aussichtslos. Man kann nur einige Grundsätze formulieren, die ein grobes Bild einer letztendlich von vielen heuristischen und intuitiven Festlegungen geprägten Lösung ergeben:

- hierarchische Struktur des Gesamtsystems
- Zerlegung in Teilsysteme mit möglichst hoher Autonomie
- Koordinierung des Zusammenwirkens der Teilsysteme.

Mit der Revolution der Mikroelektronik sind die potentiellen Möglichkeiten zur Realisierung von Gesamtkonzepten der Automatisierung im Sinne integrierter Lösungen enorm gestiegen. Insbesondere betrifft dies die Entwicklung und Nutzung der Informatik, d. h. der programmierbaren Informationsverarbeitung für Automatisierungsaufgaben, zu deren wichtigsten Merkmalen in diesem Zusammenhang

- die dezentrale Realisierung von Informationsverarbeitungsfunktionen und
- ihre Vernetzung durch Bussysteme auf verschiedenen Niveaus sowie
- der prinzipielle Vorteil der freien Programmierung und damit der Flexibilität und der Anpaßbarkeit

zählen.
Die Funktionshierarchie einer automatisierten Steuerung ist durch einige Merkmale gekennzeichnet, die in Bild 1 grob dargestellt werden.

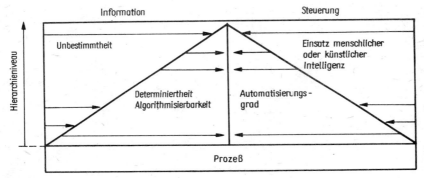

Bild 1. Merkmale der Steuerungshierarchie

Die Darstellung nach Bild 1 ist durch eine Angabe zur Entwicklungstendenz zu ergänzen:
- Die Automatik dringt zunehmend in höhere Steuerungsniveaus vor.
- Elemente der künstlichen Intelligenz finden zunehmend auch in prozeßnahen Steuerungen Eingang.

In den folgenden Betrachtungen zur prozeßnahen Steuerung werden die übergeordneten Gesichtspunkte weitgehend außer acht gelassen. Man muß sich jedoch stets dieser Zusammenhänge bewußt sein, um die Aufgabe der prozeßnahen Steuerung richtig zu verstehen. Sie besteht im wesentlichen darin, den Prozeßeingriff entsprechend übergeordneter Vorgaben vollautomatisch zu vollziehen. Naturgemäß spielt hierbei das Regelungsprinzip eine herausragende Rolle, weil damit die Aufgabe der

- Gewährleistung der Stabilität,
- Erfüllung der Steuerungsaufgabe trotz einwirkender Störungen

in hervorragender Weise gelöst wird.
Daß damit außer der algorithmischen Realisierung höchste Anforderungen an die Funktionssicherheit und -zuverlässigkeit der Steuerungseinrichtung selbst zu stellen sind, sei nur am Rande vermerkt.
Die Komplexität einer zu lösenden Gesamtaufgabe sei noch einmal anhand der Steuerung eines Roboters demonstriert. Dazu sind in Bild 2 die Aufgaben auf drei Steuerungsebenen des Roboters dargestellt.

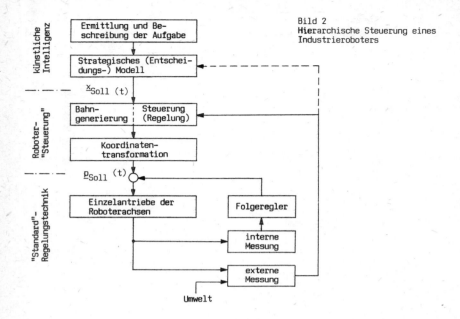

Bild 2
Hierarchische Steuerung eines Industrieroboters

2. Einige Probleme der prozeßnahen Steuerung

Der Schwerpunkt der Betrachtungen liegt - wie bereits begründet - bei den Regelungssystemen. Für die Behandlung dieses Gebietes ist es von Vorteil, daß es für den meist zugrunde gelegten linearen Fall eine hervorragend entwickelte mathematische Theorie gibt. Die Schwierigkeiten, die damit verbunden sind, liegen in der Vielfalt der Aufgabenstellungen und Lösungsmöglichkeiten begründet. Deshalb muß auf Vollständigkeit und die Darstellung von Details verzichtet werden.
Einen zusammenfassenden Überblick zu den Entwurfsverfahren linearer Regler vermittelt Bild 3.
Bevor auf einige der in Bild 3 genannten Verfahren anschließend kurz eingegangen wird, erscheint es notwendig, darauf hinzuweisen, daß eine erschöpfende und gleichzeitig hinreichend allgemeine Behandlung des Reglerentwurfsproblems nur auf der Grundlage der Zustandsraumbeschreibung möglich ist und für seine prinzipielle Lösung einige Grundvoraussetzungen erfüllt sein müssen, die hier nur kurz genannt werden sollen. Die Bilder 4a und 4b zeigen ein Matrix-Signalflußbild des Steuerungsobjektes für den zeitkontinuierlichen bzw. den zeitdiskreten Fall und die daraus ableitbaren Zustandsdarstellungen: die Zustands- und die Ausgabegleichung. Dabei wurde vorausgesetzt, daß es keine direkte Verbindung vom Eingang zum Ausgang des Systems gibt.

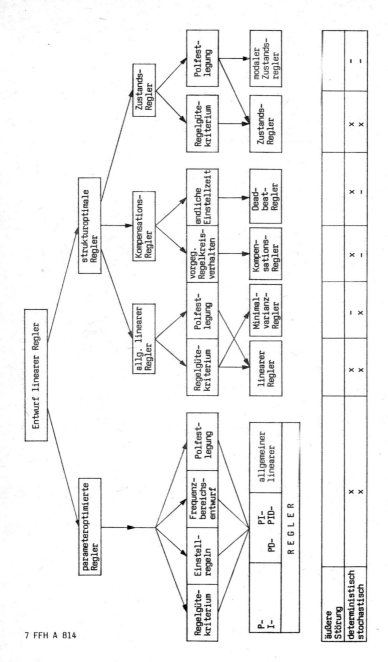

Bild 3. Klassifizierung der Reglerentwurfsverfahren

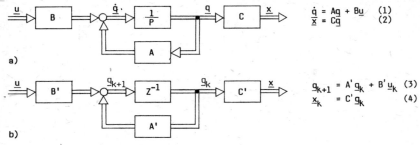

Bild 4. Matrix-Signalflußbild und Zustandsgleichungen
a) Zeitkontinuierliches Modell des Steuerungsobjektes
b) Zeitdiskretes Modell des Steuerungsobjektes

$$\dot{\underline{q}} = A\underline{q} + B\underline{u} \quad (1)$$
$$\underline{x} = C\underline{q} \quad (2)$$

$$\underline{q}_{k+1} = A'\underline{q}_k + B'\underline{u}_k \quad (3)$$
$$\underline{x}_k = C'\underline{q}_k \quad (4)$$

Auf die fundamentalen Voraussetzungen der Steuer- und Beobachtbarkeit sei nur durch das Bild 5 hingewiesen. Die Anwendung des Regelungsprinzips setzt die Erfüllung beider Forderungen voraus.

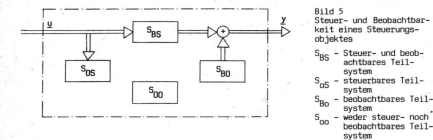

Bild 5
Steuer- und Beobachtbarkeit eines Steuerungsobjektes

S_{BS} - Steuer- und beobachtbares Teilsystem
S_{oS} - steuerbares Teilsystem
S_{Bo} - beobachtbares Teilsystem
S_{oo} - weder steuer- noch beobachtbares Teilsystem

Der Zusammenhang zwischen der Zustandsraumbeschreibung im Zeitbereich und dem "Klemmenverhalten" eines Systems folgt für den zeitkontinuierlichen Fall aus der Laplace-Transformation der Gl. (1) mit verschwindendem Anfangswertpolynom und ergibt:

$$p \cdot I \cdot \underline{q} = A\underline{q} + B\underline{u}$$
$$\underline{q} = (pI - A)^{-1} B\underline{u} \quad (5)$$

und mit Gl. (2):

$$\underline{x} = C(pI - A)^{-1} B\underline{u} \quad (6)$$

Analoge Beziehungen ergeben sich für den zeitdiskreten Fall, wenn auf Gl. (3) die z-Transformation angewendet wird.

2.1. Parameteroptimierte Regler

Die Entwurfsverfahren zählen zu den klassischen, hauptsächlich bis Mitte der 60er Jahre entwickelten Verfahren der Reglersynthese. Ihr Hauptanwendungsgebiet sind (gestörte) Regelstrecken mit einem Steuereingang und einem Ausgang, wobei die zeitkontinuierliche Betrachtungsweise dominiert.
Wie aus der Klassenbezeichnung ersichtlich ist, geht es um die Bestimmung von Reglerparametern bei vorher festgelegter Reglerstruktur. Einige Verfahren geben jedoch Hinweise zur Wahl einer günstigen Reglerstruktur, die vom Streckenverhalten und der Art und Form der äußeren Einwirkung abhängt.

a) Regelgütekriterium

Es wird ein Gütefunktional in Form eines Integralkriteriums zugrunde gelegt. Im Integranden ist auf jeden Fall die Regelabweichung als Funktion der Reglerparameter enthalten. Mitunter wird auch der Stellgrößenverlauf mit berücksichtigt. Ein Beispiel ist das ITAE-Kriterium

$$A_{ITAE} = \int_0^\infty t \cdot |x_w(t)| \, dt \overset{!}{=} Min \tag{7}$$

Zur Berechnung werden Digitalrechnerprogramme, in denen häufig Suchverfahren implementiert sind, eingesetzt.

b) Einstellregeln

Es handelt sich hierbei um Methoden, die

- durch extreme Vereinfachungen bezüglich des Steuerungsobjektes bzw. durch sehr grobe a priori Informationen über sein Verhalten gekennzeichnet sind,
- auf eine relativ große Klasse von Problemstellungen mit befriedigenden Ergebnissen angewandt werden können.

Typisches Beispiel ist das Verfahren von ZIEGLER und NICHOLS, bei dem allein aus der kritischen Verstärkung mit P-Regler und der zugehörigen Schwingungsdauer die "günstigen" Reglerparameter (z. B. eines PI-Reglers) ermittelt werden. Häufig werden sprungförmige Eingangssignale (Führungs- oder Störgröße) vorausgesetzt; die Überschwingweite des geschlossenen Systems wird dabei meist als Entwurfsziel vorgegeben.

c) Frequenzbereichsentwurf

Diese Verfahren nutzen zwei grundlegende Zusammenhänge aus:

- den Zusammenhang zwischen dem offenen und geschlossenen System, z. B.
  für Führungsverhalten

$$F_W(j\omega) = \frac{F_0(j\omega)}{1 + F_0(j\omega)} = \frac{F_R(j\omega) F_S(j\omega)}{1 + F_R(j\omega) F_S(j\omega)} \tag{8}$$

woraus sich ergibt:

$$F_R(j\omega) = \frac{1}{F_S(j\omega)} \cdot \frac{F_w(j\omega)}{1 - F_w(j\omega)} \qquad (9)$$

- den Zusammenhang zwischen dem dynamischen Verhalten im Zeitbereich und dem Frequenzgang.

Der Entwurf wird überwiegend unter Verwendung der Frequenzkennlinien (BODE-Diagramm) durchgeführt; bei minimalphasigen Systemen genügt es, die Amplitudenfrequenzkennlinie des aufgeschnittenen Kreises zu betrachten. In Bild 6 ist angedeutet, welche Effekte bezüglich der Dynamik durch den Einsatz entsprechender Regler bzw. Korrekturglieder erreicht werden können, wobei die Differenz der beiden Kurven der Amplitudenkennlinie des Synthesegliedes entspricht.

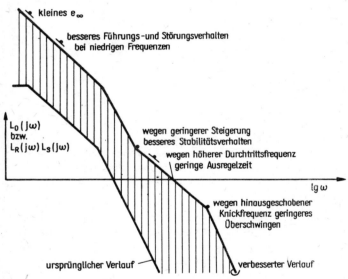

Bild 6. Anzustrebender qualitativer Verlauf der Frequenzkennlinie $F_0(j\omega)$

d) Polfestlegung

Da die Pole der Übertragungsfunktion eines Systems das Zeitverhalten entscheidend beeinflussen, ist es das Ziel dieser Verfahren, die Pole des geschlossenen Regelkreises, die den Wurzeln der charakteristischen Gleichung

$$1 + G_0(p) \qquad (10)$$

entsprechen, in günstiger Weise durch entsprechende Wahl des Reglers zu plazieren. Meistens dominiert ein konjugiert-komplexes Polpaar. Bild 7 gibt eine qualitative Darstellung des in Frage kommenden Gebietes für die Pollage (zweiter Pol spiegelbildlich zur Abszisse) mit Begründung seiner Begrenzungen. Wenn es um die Polfestlegung des geschlossenen Systems in Abhängigkeit von einem Reglerparameter (z. B. der Reglerverstärkung) geht, dann wird i. a. das Wurzelortverfahren angewandt. In Bild 7 ist der qualitative Verlauf der Wurzelortskurve (WOK) für ein $I-T_2$-System eingetragen.

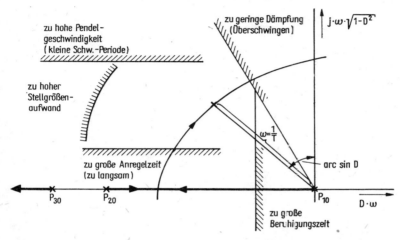

Bild 7. Günstige Lage des dominierenden Polpaares und WOK eines $I-T_2$-Systems

Auf die Darstellung des zugehörigen Einschwingvorganges wurde verzichtet, da der Zusammenhang hinreichend bekannt ist. Bei Abtastsystemen gelten prinzipiell die gleichen Betrachtungen bezüglich der Pole der z-Übertragungsfunktion. Man muß betrachten, daß das Stabilitätsgebiet das Innere des Einheitskreises der komplexen z-Ebene ist. Die Vielfalt der möglichen Einschwingvorgänge ist größer. In Bild 8 wurden einige Beispiele eingezeichnet.
Zur Veranschaulichung der Abbildung der stabilen p-Halbebene in die z-Ebene wurde in Bild 8 ein durch die Punkte a, b und c gekennzeichnetes Teilgebiet D (Bild 9a) in die z-Ebene transformiert (Bild 9b). Die zu den entsprechenden Polen gehörenden Einschwingvorgänge innerhalb der Gebiete sind qualitativ äquivalent.

2.2. Strukturoptimale Regler

Der Entwurf strukturoptimaler Regler erfolgt fast ausschließlich auf der Grundlage der Zustandsraumtheorie.

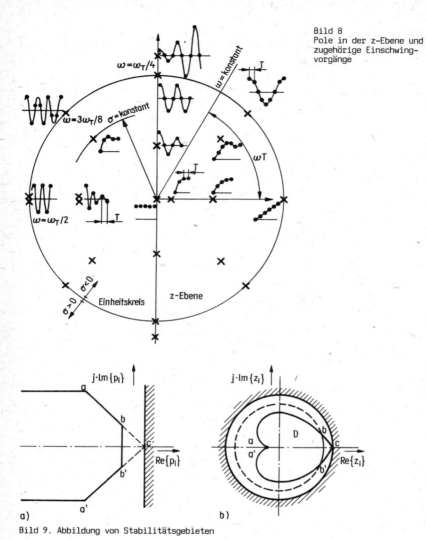

Bild 8
Pole in der z-Ebene und zugehörige Einschwingvorgänge

Bild 9. Abbildung von Stabilitätsgebieten

Er ist dadurch gekennzeichnet, daß die Struktur der Steuereinrichtung nicht a priori festgelegt ist, sondern <u>Bestandteil des Entwurfsprozesses</u> selbst ist.
Die in Bild 3 dargestellten Entwurfsverfahren können in zwei große Gruppen eingeteilt werden:

- Zustandsregler
  Sie setzen voraus, daß der Zustand des Steuerungsobjektes verfügbar ist.
- Regler mit Ausgangsrückführung
  Dazu zählen die allgemeinen linearen Regler und die Kompensationsregler (Bild 3).

Eine detaillierte Darstellung der Reglersynthese ist an dieser Stelle nicht möglich. Deshalb werden nachstehend nur einige allgemeine Bemerkungen zum Entwurfsproblem in bezug auf

- Regelgütekriterium,
- Minimalvarianzregler,
- endliche Einstellzeit,
- Polfestlegung und
- Beobachter

gemacht.

a) Regelgütekriterium

Es wird von einer linearen Ausgangsrückführung

$$\underline{u} = -K \cdot \underline{x} \tag{11}$$

bzw. mit Gl. (2)

$$\underline{u} = -K \cdot c \cdot \underline{q} \tag{12}$$

ausgegangen.
Gl. (12) in Gl. (1) eingesetzt, ergibt:

$$\underline{\dot{q}} = A\underline{q} - BKC\,\underline{x} = (A - BKC)\,\underline{x} = A_R \cdot \underline{x} \tag{13}$$

Aufgabe des Reglerentwurfes ist die Bestimmung der Reglermatrix K, die das quadratische Gütemaß

$$J = \frac{1}{2} \int_0^\infty \left[\underline{x}^T(t)\, Q\underline{x}(t) + \underline{u}^T(t)\, R\underline{u}(t) \right] dt \tag{14}$$

minimiert.
Nach Lösung einer im weiteren Entwurfsablauf auftretenden Matrixgleichung, der sog. Riccati-Gleichung, erhält man die gesuchte Reglermatrix K.

b) Minimalvarianzregler

Der Reglerentwurf erfolgt unter Berücksichtigung einer stochastischen Störung, die als statistisch unabhängig angenommen wird.
Für den Eingrößen-Abtastfall wird das auf den Prozeß einwirkende Störsignal aus weißem Rauschen über ein Störsignalfilter mit der z-Übertragungsfunktion

$$G_v(z) = \frac{D(z^{-1})}{C(z^{-1})} \qquad (15)$$

erzeugt.
Für die Regelstrecke lautet die Übertragungsfunktion

$$G_S(z) = \frac{B(z^{-1})}{A(z^{-1})}; \quad b_o = 0 \qquad (16)$$

und für den Regler wird angesetzt:

$$G_R(z) = \frac{R(z^{-1})}{P(z^{-1})} \qquad (17)$$

Entwurfskriterium ist in allgemeiner Form

$$J_{k+1} = E\left\{x_{k+1}^2 + \lambda u_k^2\right\} \qquad (18)$$

Das Ergebnis des Entwurfes ist die Reglerübertragungsfunktion gemäß Gl. (17), in deren Zähler- und Nennerpolynom sowohl die Eigenschaften der Regelstrecke als auch des Störwertfilters eingehen.

c) <u>Endliche Einstellzeit</u>

Dem Entwurf liegt die nur mit Abtastsystemen realisierbare Zielstellung zugrunde, bei determinierten aperiodischen Eingangssignalen die Regelabweichung <u>in endlicher Zeit</u> zu Null zu machen. Sie ist nicht nur für die schnelligkeitsoptimale Überführung eines Systems bei Sollwertänderung von Bedeutung, sondern z. B. auch für den Beobachterentwurf. Endliche Einstellzeit wird gewährleistet, wenn $G_W(z)$ ein endliches Polynom in z ist. Als Entwurfsergebnis erhält man mit

$$G_S(z) = \frac{B(z)}{A(z)} \qquad (19)$$

und einigen weiteren Bedingungen für den Entwurf für den sog. dead-beat-Regler

$$G_R(z) = \frac{L(z^{-1}) \cdot A(z^{-1})}{1 - L(z^{-1}) \cdot B(z^{-1})} \qquad (20)$$

wobei $L(z^{-1})$ ein endliches Polynom ist. $L(z^{-1})$ wird zur Sicherstellung der Realisierbarkeitsbedingungen und für Modifikationen in geeigneter Weise festgelegt. Die sich ergebende Führungsübertragungsfunktion

$$G_W(z) = L(z^{-1}) \cdot B(z^{-1}) \qquad (21)$$

weist einen m+s-fachen Pol im Ursprung der z-Ebene auf; m ist dabei der Polynomgrad der Zählerübertragungsfunktion und s der Grad des Polynoms $L(z^{-1})$.

d) Polfestlegung

Primär geht es hier um die Festlegung der Eigendynamik des geregelten Systems. Aus Gl. (13) folgt die für die Bestimmung der Eigenwerte maßgebende Determinante

$$\det(pI - A + BKC) \tag{22}$$

Die Syntheseaufgabe besteht in der Berechnung der Reglermatrix K für vorgegebene Eigenwerte p_i

$$\det(pI - A - BKC) = \prod_{i=1}^{n}(p - p_i) \tag{23}$$

Für Ausgangsrückführung ist die Gl. (23) überbestimmt, d. h., es können nicht sämtliche Pole durch eine Ausgangsrückführung beliebig plaziert werden.
Bei Forderungen an den stationären Störungsausgleich kann das System durch Integratoren erweitert werden.

e) Zustandsbeobachter

Die Anwendung von Regelungskonzepten, die den Systemzustand voraussetzen, scheitert oft an der Unmöglichkeit, den Zustand zu erfassen.
Einen prinzipiellen Ausweg bietet der Einsatz von Zustandsbeobachtern, die ein Modell des Steuerungsobjektes realisieren. Bild 10 zeigt eine Regelungsstruktur mit konstanter Zustandsrückführung und einem vollständigen Beobachter, dem sog. Luenberger-Beobachter.

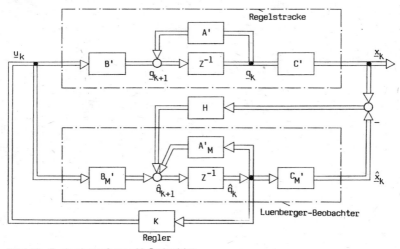

Bild 10. Zustandsregelung mit Beobachter

Bezüglich der Praxisanwendung der sogenannten modernen Verfahren der Reglerrealisierung
(strukturoptimaler Regler - Bild 3) ist einzuschätzen, daß ein Durchbruch in der Breite
bis heute noch nicht erreicht wurde. Dafür gibt es eine Reihe von Begründungen, die
hier nicht augfezählt werden sollen. Dennoch besteht die Aufgabe ihres zukünftigen
Einsatzes, die gemeinsam durch die Hersteller und Anwender moderner Automatisierungsmittel gelöst werden muß.

3. Abschließende Bemerkungen

Die zunehmende Leistungsfähigkeit der Mikrorechentechnik gestattet es, eine Vielzahl
von Gesichtspunkten, die für den praktischen Entwurf und Betrieb von Bedeutung sind, zu
berücksichtigen. Sie wurden bisher nicht erwähnt und betreffen z. B. -

- robuste und unempfindliche Regelungen, die gewährleisten, daß das Steuerungsergebnis
  invariant bezüglich gewisser Veränderungen im Steuerungsobjekt ist bzw. die mit einem
  Informationsdefizit über das Verhalten des Steuerungsobjektes auskommen;
- adaptive Regelungen, deren Algorithmen sich automatisch an veränderliche Prozeßbedingungen (Parameter, äußere Signale) anpassen;
- Berücksichtigung von Steuergrößen- und Zustandsbeschränkungen beim Entwurf;
- Strukturumschaltungen der Regelungsalgorithmen in Abhängigkeit verschiedener Betriebsbedingungen des Reglers und der Strecke;
- Gewährleistung der Integrität vermaschter (Mehrgrößen-) Systeme;
- nichtlineare Systeme bzw. Kompensationsalgorithmen für Nichtlinearitäten;
- Integration von Binärsteuerungs- und Regelungsaspekten in ein Gesamtkonzept (logisch-dynamische Systeme);
- Integration der Steuerung aller Phasen des Betriebes (z. B. Anfahren, Umsteuern, Abfahren) in ein ganzheitliches Automatisierungskonzept.

Schließlich sei noch darauf hingewiesen, daß die zunehmende Komplexität der Anforderungen und Probleme, der Methoden- und Lösungsvielfalt sowie die Berücksichtigung vieler
praktischer Randbedingungen in erhöhtem Maße Rechnerunterstützung (CAD) auch für den
Entwurf prozeßnaher Steuerungen verlangt, wobei eine besondere Bedeutung der Simulation
zukommt. Entsprechende Programmsysteme für den einen oder anderen Entwurfszugang werden
zukünftig in CAD-Expertensystemen integriert, die im Dialog mit dem Nutzer den Systementwurf von der Aufgabenstellung bis zur realisierungsreifen Lösung leiten.

Zur Modellierung und Simulation der thermischen Vorgänge in Mehrzonenrohröfen

Von H.SAUERMANN, P. METZING, G. WALTER und R. ABRAHAM,
Freiberg

0. Technologische Forderungen an das Temperaturregime in Mehrzonenrohröfen
    /1,2/

Die Herstellung von Werkstoffen hoher Qualität ist nach dem Wanderfeld-Verfahren durch gerichtete Erstarrung möglich. Die dabei einzuhaltenden technologischen Forderungen an die Temperaturführung des Verfahrens sind extrem hoch. Es ist ein Temperaturgefälle mit

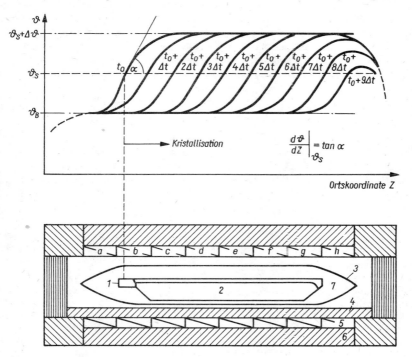

Bild 1. Gradient-Freezing-Verfahren nach /1/
oben: Prinzip des wandernden Temperaturfeldes im Ofen (Parameter: Zeit t)
unten: Schnittdarstellung des Rohrofens mit Züchtungscontainer
1 - Keim, 2 - Material, 3 - Ampulle, 4 - Unterlage, 5 - Heizzonen, 6 - Isolation,
7 - Gasraum

frei wählbarem Gradienten zwischen zwei einstellbaren Temperaturplateaus mit vorgegebener Geschwindigkeit durch den Ofennutzraum zu schieben (Bild 1). Die zulässige Temperaturtoleranz des zeitabhängigen Temperaturfeldes beträgt +/- 0,1 K.
Eine wesentliche technologische Foderung ist, daß die automatisierte Fahrweise des Ofens mit und ohne Container zu gewährleisten ist. Bedingt ist dies durch technologische Untersuchungen mit unterschiedlich dimensionierten Containern und im unbeschickten Ofen.

1. Aufgabenstellung

Zur Gewährleistung einer optimalen Anlagenentwicklung sind Simulationsrechnungen unter
- technologischen und
- automatisierungstechnischen

Aspekten durchzuführen, d. h., es ist mit einem theoretischen Modell zu arbeiten.
Einen Schwerpunkt der technologischen Betrachtungen bilden die apparativ bedingten stationären thermischen Grenzdaten des Ofens und ihre gezielte konstruktive Beeinflussung zur Gewährleistung eines optimal gestalteten Mehrzonenrohrofens. Als weiterer technologischer Aspekt ist die Untersuchung der dynamischen Durchführbarkeit des wandernden Temperaturfeldes zu untersuchen. Die Ergebnisse der Auswertung dieser Simulationsuntersuchungen sind:
- die endgültige Festlegung der konstruktiven Daten des Ofens
- eine Grobdimensionierung des Leistungsstellbereiches.

Im weiteren ist das dynamische Verhalten der Anlage im Arbeitsbereich als Grundlage der automatisierungstechnischen Arbeiten zu simulieren und praktisch zu prüfen. Die dynamischen Simulationsergebnisse sind in Form von Übertragungsfunktionen darzustellen, die zur Übertragungsfunktionsmatrix des Mehrzonenrohrofens zusammengefaßt werden. Ausgehend von der Komplexität der aufgestellten Übertragungsfunktionsmatrix sind geeignete Approximationen durchzuführen. Sie bilden die Grundlage für den Entwurf einer Mehrgrößenregelung.

2. Grundlagen der Wärmeübertragung /3, 4, 5/

In der Ofenwand erfolgt der Wärmetransport durch Leitung. Ihr liegt das FOURIERsche Erfahrungsgesetz zugrunde:

$$\underline{\dot{q}} = -\lambda \, \mathrm{grad}\, \vartheta \tag{1}$$

$\underline{\dot{q}}$ - vektorielle Wärmestromdichte (flächenbezogener Wärmestrom)
λ - Wärmeleitkoeffizient
ϑ - Temperatur

Die Anwendung des Gesetzes auf Wände ergibt für

- mehrschichtige ebene Wände

$$\dot{Q} = \frac{A \, \Delta\vartheta}{\sum_j \frac{\delta_j}{\lambda_j}} \qquad (2)$$

$\dot{Q}$ - durch Leitung verursachter Wärmestrom
δ - Wandstärke
A - Wärmedurchgangsfläche
Δ - Differenz
j - j-te Schicht

- mehrschichtige zylindrische Wände

$$\dot{Q} = \frac{2\pi L \, \Delta\vartheta}{\sum_j \frac{1}{\lambda_j} \ln \frac{r_{aj}}{r_{ij}}} \qquad (3)$$

r - Radius
a - außen
i - innen
L - Länge des Zylinders

Von entscheidender Bedeutung für die Berechnung des Rohrofens sind die Randbedingungen. Am äußeren Ofenmantel tritt Konvektion und Strahlung auf. Für den Wärmeübergang Ofenwand-Umgebungs-Luft infolge Konvektion gilt das NEWTONsche Gesetz

$$\dot{q} = \alpha \, (\vartheta_W - \vartheta_F) \qquad (4)$$

α - Wärmeübergangskoeffizient
w - Wand
F - Fluid (im speziellen Fall Luft) in ausreichendem Wandabstand

Die Wärmeabgabe durch Strahlung soll zur einfacheren Handhabung mit dem Wärmeübergangskoeffizienten α_k für Konvektion zu einem resultierenden Übergangskoeffizienten α_r zusammengefaßt werden. Hierzu ist ein äquivalenter Strahlungswärmeübergangskoeffizient α_s einzuführen

$$\alpha_r \, (\vartheta_o, \vartheta_u) = \alpha_k \, (\vartheta_o, \vartheta_u) + \alpha_s \, (\vartheta_o, \vartheta_u) \qquad (5)$$

k - konvektiv
s - äquivalenter Strahlungswärmeübergangskoeffizient
o - Oberfläche
r - resultierender
u - Umgebung

Die Berechnung von α_s erfolgt analog dem NEWTONschen Gesetz unter Beachtung des Stefan-Boltzmann-Gesetzes nach

$$\alpha_s (\vartheta_o, \vartheta_u) = \frac{\varepsilon \cdot c_s \left[\left(\frac{T_o}{100} \right)^4 - \left(\frac{T_u}{100} \right)^4 \right]}{T_o - T_u} \qquad (6)$$

T - absolute Temperatur
ε - Emissionsverhältnis des Oberflächenmaterials
   (Das Emissionverhältnis für die Umgebung ist 1, denn die Umgebungsfläche ist
   bedeutend größer als die Ofenmantelfläche und absorbiert die Strahlung nahezu
   vollständig)
c_s - Strahlungskoeffizient des schwarzen Strahlers (Stefan-Boltzmann-Konstante)

Der Wärmeübergangskoeffizient für die freie Konvektion der zylindrischen Oberfläche und der senkrechten Platte an den Stirnseiten des Ofens wird unter Beachtung der Ähnlichkeitskennzahlen Nusselt Nu, Grashof Gr und Prandtl Pr nach

$$\alpha_k = \frac{Nu \, \lambda}{l} \qquad (7)$$

l - Bezugsdurchmesser (Durchmesser, Höhe)
berechnet.
Für die Randbedingung im Nutzraum wird bedingt durch die Arbeitstemperaturen oberhalb 1000 °C nur die Strahlung beachtet. Die komplizierten Strahlungsverhältnisse in dem Hohlzylinder werden nach der Resolventen-Zonen-Methode berechnet. Die Berechnung der Gesamteinstrahlzahl Φ_{ik} ist im Bild 2 erläutert.

3. Auswahl geeigneter Prozeßmodelle

Ausgehend von der Aufgabenstellung erfolgt unter Beachtung der technologischen Bedingungen die Festlegung der nachstehenden Forderungen an das Prozeßmodell:

Berechnung   - stationärer und
                  - instationärer
Temperaturfelder

Berücksichtigung - verteilter innerer Wärmequellen
                  - temperatur- und ortsabhängiger Randbedingungen und Stoffdaten
                  - direkter und indirekter Strahlungswärmeübertragung im Nutzraum

Simulation   - mit und
                  - ohne
rotationssymmetrischem Züchtungscontainer

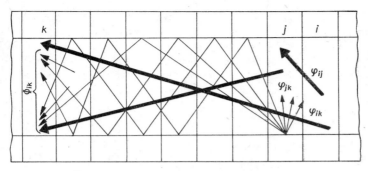

$$\Phi_{ik} = \varphi_{ik} + \sum_{j=1}^{n} \varphi_{ij} (1-\varepsilon_j) \Phi_{jk}$$

Bild 2. Einstrahlung der Zone i auf die Zone k

i, j, k - Heizzonen

φ_{ij} - direkte Einstrahlzahl der Zone i auf die Zone j (sie gibt den Anteil der Wärmestromdichte an, der von der Fläche i auf direktem Weg auf der Fläche j auftrifft)

Φ_{ik} - Gesamteinstrahlzahl der Zone i auf die Zone k (sie gibt den Anteil der Wärmestromdichte an, der von der Fläche i auf direktem und indirektem Weg auf der Fläche k auftrifft)

$$\Phi_{ik} = \frac{q_{em, i-k}}{q_{em,i}}$$

ε_j - Emissionsverhältnis der Zone j

<u>Separate Untersuchung</u> - der einzelnen Heizzonen (nicht gekoppelte Teilsysteme) und
- der Wechselwirkung zwischen jeweils 2 Heizzonen (Kopplungsproblematik)

<u>Untersuchungen</u> zum Einfluß der konstruktiven Parameter.

Die Beschreibung der komplizierten thermischen Bedingungen des Mehrzonenrohrofens erfordert die numerische Lösung einer partiellen Differentialgleichung mit Anfangs- und Randbedingungen. Aus der Literatur sind Diskretisierungsverfahren und Ansatzmethoden bekannt.

Zur Simulation des Mehrzonenrohrofens erwies sich von den entwickelten und bekannten Programmsystemen unter Beachtung der genannten Forderungen für den unbeschickten Ofen das Programmpaket IB 2 (2 dimensionales Bilanzverfahren) /6/ und für die beschickte Anlage das Programmpaket BVE (erweitertes Bilanzverfahren) /6/ als geeignet. Grundlage dieser Programme ist das Bilanzverfahren, das in die Gruppe der Diskretisierungsverfahren einzuordnen ist.

Die Bilanzverfahren werden häufig zur Modellierung von technischen Anlagen eingesetzt, in denen Strömungsvorgänge ablaufen, z. B. Massenströme, verbunden mit Energieströmen. Die Erhaltungsgesetze (z. B. für Massen, Energien) bilden in diesen Fällen die Grundlage für die Modellierung. Sie sind auf die zu untersuchenden technologischen Teilabschnitte ("Bilanzräume") anzuwenden. Die allgemeingültige Form der Bilanzgleichung lautet /7/:

$$\frac{dA}{dt} = \sum_{l=1}^{r} \dot{W}_l + \sum_{\mu=1}^{s} \dot{R}\mu \qquad (10)$$

Speicherterm   Transportterm   Quellterm

A – Erhaltungsgröße im Bilanzraum, z. B. Enthalpie
dA/dt – Änderungsgeschwindigkeit der Erhaltungsgröße, z. B. Speicherenthalpiestrom
$\dot{W}_l$ – Strom l über die Bilanzraumgrenzen, z. B. Wärmeleitungsstrom
$\dot{R}\mu$ – Quellstrom (positiv oder negativ) im Bilanzraum mit der Ursache μ (z. B. chemischer Reaktionsenthalpiestrom, durch elektrische Energie zugeführter volumenbezogener Wärmestrom)
r – Anzahl der Ströme über die Bilanzraumgrenzen
s – Anzahl der Quellen im Bilanzraum.

Das dynamische Verhalten ist durch die Änderungsgeschwindigkeit der Erhaltungsgröße charakterisiert. Im eingeschwungenen Zustand (Beharrungszustand, stationäres Verhalten, statische Bilanzen) ist diese Null. Für jede relevante Erhaltungsgröße im Bilanzraum ist die Bilanzgleichung aufzustellen. Die Anzahl der Erhaltungsgrößen ist gleich der Ordnung des Systems. Mit Hilfe von Verknüpfungsbeziehungen (z. B. FOURIERsche Wärmeleitungsgleichung) sind die Bilanzgleichungen an die speziellen Eigenschaften der Bilanzräume zu binden, d. h. die Speichergröße (z. B. gespeicherte Enthalpie) ist mit den Streckenvariablen (z. B. Temperatur) auszudrücken. Das Finden dieser Beziehungen und die Bestimmung der darin enthaltenen Parameter (z. B. Wärmeleitkoeffizienten λ) ist häufig recht kompliziert. Bei komplizierten Systemen werden einzelne Teile in n-Bilanzräume unterteilt, z. B. die Ofenwandung des zu untersuchenden Mehrzonenrohrofens. Die Berücksichtigung der Nichtlinearitäten erfolgt bei den eingesetzten Programmen nach der Methode der iterativen Linearisierung.
Mit der Resolventenzonenmethode wird die Strahlungswärmeübertragung in Hohlzylindern berücksichtigt. Die rotationssymmetrische Probe erfordert eine Unterteilung der Strahlungsverhältnisse des Nutzraumes in einen Ringspalt und 2 Hohlzylinder.

4. Modellanpassung /9/

Ziel der Modellanpassung ist die Bereitstellung eines geeigneten Modells als Grundlage für den Entwurf des Mehrgrößenreglers, der die Einhaltung des technologisch vorgegebenen, komplexen Temperaturregimes einschließlich der zulässigen Toleranzen in der Anlage gewährleistet. Die einzuhaltenden extremen Vorgaben der Technologie erfordern, eine mög-

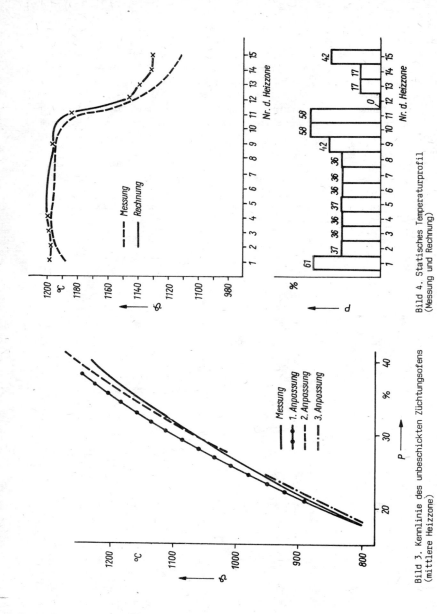

Bild 4. Statisches Temperaturprofil (Messung und Rechnung)

Bild 3. Kennlinie des unbeschickten Züchtungsofens (mittlere Heizzone)

lichst gute Übereinstimmung von Modell und Original anzustreben, d. h. der Anpassung kommt im Rahmen der Gesamtaufgabe "Automatisierung eines horizontalen Mehrzonenrohrofens" ein außerordentlich hoher Stellenwert zu. Sie beeinflußt in ganz entscheidendem Maße die Güte der gesamten Automatisierungslösung für die Kristallzüchtung.
Im Rahmen der Anpassung ist eine geeignete Ortsdiskretisierung zu ermitteln, die thermischen Koeffizienten und die Randbedingungen sind entsprechend der Realität zu korrigieren, diese Arbeiten wurden am unbeschickten Ofen durchgeführt. Das Ergebnis der Anpassung ist der Kennlinie (Bild 3) zu entnehmen. Die Überprüfung der Güte des angepaßten Modells erfolgte mit einer Vielzahl von Ofenprofilen, die an unterschiedlichen Stellen des Nutzraumes steile Gradienten aufweisen. In allen Fällen besteht zwischen Messung und Modell eine gleich gute Übereinstimmung. Stellvertretend für diese Profile wurde Bild 4 ausgewählt.
Zur Einschätzung der Güte der dynamischen Rechnungen sind im Bild 5 einige gemessene und simulierte Sprungantwortfunktionen des unbeschickten Ofens abgebildet.

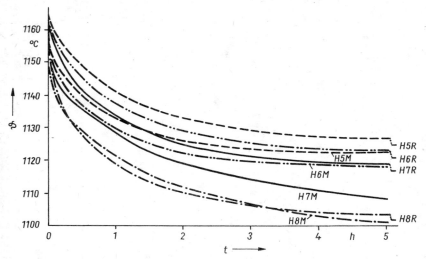

Bild 5. Sprungantworten des unbeschickten Ofens für das Ausschalten der 8. Heizzone
M - Messung, R - Rechnung

5. Simulation des Mehrzonenrohrofens /9/

Ausgehend von dem großen Einfluß der Strahlung auf den konstruktiv bedingten maximalen Gradienten des Temperaturgefälles zwischen zwei Temperaturplateaus und der Teilaufgabe, den unbeschickten Ofen automatisiert zu fahren, erfolgt die Ermittlung des maximalen

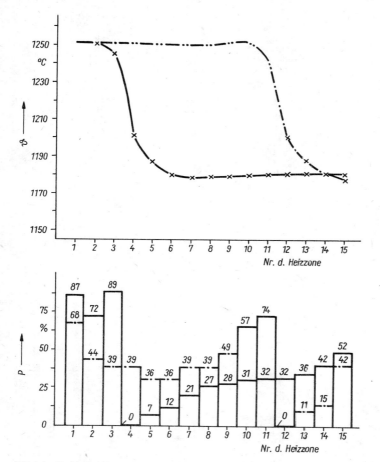

Bild 6. Statische Temperaturprofile mit Leistungsverteilung zur Charakterisierung des Züchtungsbereiches

Arbeitsbereiches der Anlage im unbeschickten Ofen (Bild 6). Die im Bild 6 gezeigten Leistungsverteilungen bilden die Grundlage zur Dimensionierung des Stellbereiches.
Die Ermittlung der Elemente der Übertragungsfunktionsmatrix geht von den berechneten Sprungantworten im Arbeitsbereich des Ofens aus. Unter der Voraussetzung des gleichmäßigen Ofenaufbaus und einer symmetrischen Anordnung der rotationssymmetrischen Probe wird zur Minimierung der erforderlichen Rechenzeit für das dynamische Verhalten ein auf die axiale Ofenmitte bezogenes symmetrisches Ausgangstemperaturfeld im Arbeitsbereich festgelegt, d. h., es ist für den beschickten und den unbeschickten Ofen ausreichend, die

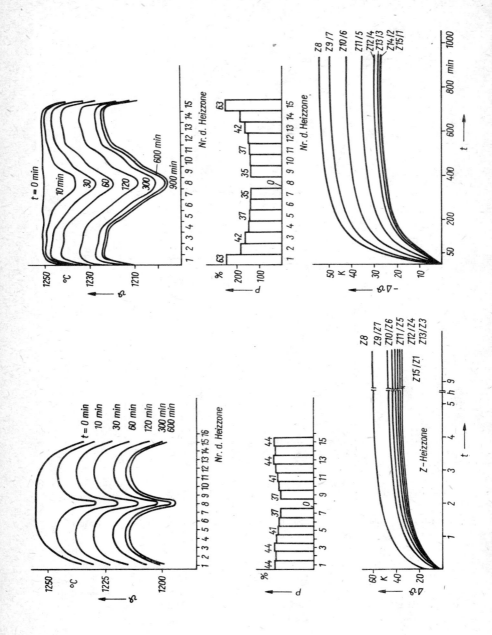

Bild 7. Sprungantworten für das Ausschalten der 8. Heizzone
links: unbeschickter Ofen
rechts: beschichter Ofen

Sprungfunktionen in einer Ofenhälfte aufzugeben und die dazugehörigen Sprungantworten aller Heizzonen (Teilstrecken) zu bestimmen. Die Aufgabe, jeweils 225 Sprungantworten zu ermitteln, wird dadurch auf die Bestimmung von 113 Antwortfunktionen reduziert. Als repräsentative Auswahl sind die Sprungantworten des bechickten /8/ und unbeschickten Ofens dargestellt (Bild 7). Die Sprungfunktion wurde jeweils in der mittleren Heizzone aufgegeben. Deutlich kommt die starke thermische Kopplung im Bild 7 zum Ausdruck.

Zur Ermittlung der zu den Sprungantworten gehörenden Übertragungsfunktionen ist qualitativ von dem physikalischen Sachverhalt auszugehen. Eine Heizleistungsänderung hat die nachstehenden gleichzeitigen Wirkungen:

- Geringfügig verzögerte Beeinflussung der Nutzraumtemperatur verursacht durch den kleinen thermischen Widerstand der Heizzone in Richtung Nutzraum und die temperaturausgleichende Wirkung der Strahlung.
- Stark verzögerte Wärmeleitvorgänge in der Ofenwand, die ihre Ursache in dem hohen thermischen Widerstand der Wärmedämmstoffe haben.

Daraus folgt modellmäßig eine Parallelschaltung von zwei zeitverzögerten Proportionalgliedern (Bild 8). Die Sprungantworten sind mit den Methoden der Systemidentifikation im Anfangsbereich zu nähern (Strich-Punkt-Kurvenzug). Anschließend ist die Differenz

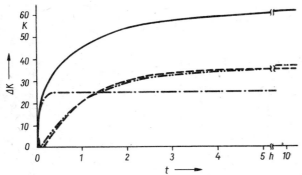

Bild 8. Approximation durch Parallelschaltung von zwei linearen Übertragungsgliedern

aus der Sprungantwort und der Näherung zu bestimmen (Strich-Punkt-Punkt-Kurvenzug). Die entstandene Differenzsprungantwort ist auf die gleiche Weise zu analysieren (Strich-Strich-Kurvenzug). Die ermittelten Teilübertragungsfunktionen sind im Bild 9 dargestellt. Es ist festgelegt, daß der 1. Index der Teilübertragungsfunktionen auf die Wirkung und der 2. auf die Ursache verweist. Die Zerlegung zeigt für alle Teilsprungantworten der Züchtungsanlage eine gleich gute Übereinstimmung.

$$F(8,8) = \frac{0,16778 \text{ K/W}}{1 + p\, 3 \text{ min}} + \frac{0,23490 \text{ K/W}}{1 + p\, 60 \text{ min}} e^{-p\, 8 \text{ min}}$$

$$F(9,8) = \frac{0,13423 \text{ K/W}}{1 + p\, 9 \text{ min}} + \frac{0,23490 \text{ K/W}}{1 + p\, 60 \text{ min}} e^{-p\, 22 \text{ min}}$$

$$F(10,8) = \frac{0,13423 \text{ K/W}}{1 + p\, 14 \text{ min}} + \frac{0,14765 \text{ K/W}}{1 + p\, 72 \text{ min}} e^{-p\, 24 \text{ min}}$$

$$F(11,8) = \frac{0,13423 \text{ K/W}}{1 + p\, 19 \text{ min}} + \frac{0,13423 \text{ K/W}}{1 + p\, 78 \text{ min}} e^{-p\, 30 \text{ min}}$$

$$F(12,8) = \frac{0,13423 \text{ K/W}}{1 + p\, 24 \text{ min}} + \frac{0,12801 \text{ K/W}}{1 + p\, 80 \text{ min}} e^{-p\, 34 \text{ min}}$$

$$F(13,8) = \frac{0,13423 \text{ K/W}}{1 + p\, 28 \text{ min}} + \frac{0,10738 \text{ K/W}}{1 + p\, 80 \text{ min}} e^{-p\, 36 \text{ min}}$$

$$F(14,8) = \frac{0,13423 \text{ K/W}}{1 + p\, 34 \text{ min}} + \frac{0,10067 \text{ K/W}}{1 + p\, 80 \text{ min}} e^{-p\, 34 \text{ min}}$$

$$F(15,8) = \frac{0,13423 \text{ K/W}}{1 + p\, 34 \text{ min}} + \frac{0,10067 \text{ K/W}}{1 + p\, 80 \text{ min}} e^{-p\, 34 \text{ min}}$$

a)

$$F(8,8) = \frac{0,0756 \text{ K/W}}{1 + p\, 1,91 \text{ min}} + \frac{0,298 \text{ K/W}}{1 + p\, 95,6 \text{ min}} e^{-p\, 4,4 \text{ min}}$$

$$F(9,8) = \frac{0,0678 \text{ K/W}}{1 + p\, 3,45 \text{ min}} + \frac{0,277 \text{ K/W}}{1 + p\, 103 \text{ min}} e^{-p\, 6,5 \text{ min}}$$

$$F(10,8) = \frac{0,293 \text{ K/W}}{1 + p\, 94,7 \text{ min}}$$

$$F(11,8) = \frac{0,249 \text{ K/W}}{1 + p\, 113 \text{ min}}$$

$$F(12,8) = \frac{0,215 \text{ K/W}}{(1 + p\, 121 \text{ min})(1 + p\, 8.47 \text{ min})}$$

$$F(13,8) = \frac{0,203 \text{ K/W}}{(1 + p\, 125 \text{ min})(1 + p\, 10,4 \text{ min})}$$

$$F(14,8) = \frac{0,196 \text{ K/W}}{(1 + p\, 121 \text{ min})(1 + p\, 12,5 \text{ min})}$$

$$F(15,8) = \frac{0,193 \text{ K/W}}{(1 + p\, 125 \text{ min})(1 + p\, 13,1 \text{ min})}$$

b)

Bild 9. Teilübertragungsfunktionen (abgeleitet aus den Sprungantworten (Bild 7), die zu der Sprungfunktion der Heizzone 8 gehören)
a) des unbeschickten Ofens   b) des beschickten Ofens /8/

Literaturverzeichnis

/1/ HEIN, K., BUHRIG, E., KOI, H., OETTEL, H., SCHNEIDER, H.; METZING, P.: Ergebnisse der Züchtung von GaAs nach dem GF-Verfahren in rechnergestützten Anlagen. BHT, BAF, Freiberg 1987

/2/ PARSEY, J. M., THIEL, F. A.: A new apparatus for the controlled growth of single crystals by horizontal Bridgman-Techniques. Journal of Crystal Growth 73 (1985), S. 211-220

/3/ ELSNER, N.: Grundlagen der technischen Thermodynamik. Akademie-Verlag, Berlin 1973

/4/ ISACHENKO, V. P., OSIPOWA, V. A., SUKOMEL, A. S.: Teploperedacha; Moskva 1975

/5/ STEINHARDT, R., KRIVANDIN, V. A.: Grundlagen der Industrieofentechnik. VEB Deutscher Verlag für Grundstoffindustrie, Leipzig 1987

/6/ KRAUSE, H.: Ein Beitrag zur Erweiterung der Bilanzmethode und zu deren Anwendung an Hochtemperaturöfen. Dissertation A, BAF, Freiberg 1989

/7/ BISCHOFF, H.: Grundlagen der Modellierung. 1. Lehrbrief, TU Dresden

/8/ OERTEL, H.: Anwendung eines erweiterten Bilanzenverfahrens auf einen horizontalen Mehrzonenofen mit Einsatzgut. Großer Beleg, BAF, Freiberg 1989

/9/ SAUERMANN, H.: Ein Beitrag zur Simulation und Steuerung von Temperaturfeldern in horizontalen Kristallzüchtungsanlagen. Dissertation A, BAF, Freiberg 1989

Zur Temperatursteuerung eines Mehrzonenrohrofens

mit dem System S 2000 R

Von R. ABRAHAM, P. METZING und H. SAUERMANN, Freiberg

Aufgabenstellung

Zur Züchtung von Einkristallen können Mehrzonenrohröfen eingesetzt werden. Es besteht die Forderung, einen solchen Mehrzonenrohrofen mit dem Mikrorechnerregler S 2000 R zu automatisieren. Ausgehend von der Streckenanalyse wird die Auswahl der Reglerstruktur erläutert, wobei die zur Verfügung stehende Software Berücksichtigung findet. Es werden Ergebnisse des Reglerentwurfes vorgestellt und abschließend Teile der Hard- und Softwarelösung erläutert.

Streckenanalyse

Die Kenntnis der Streckenparameter ist die Voraussetzung für den Entwurf der Reglerstruktur und der Reglerparameter. Die Analyse des Ofensystems erfolgte auf der Basis der theoretischen Modellierung durch Simulationsrechnungen, unterstützt durch eine experimentelle Anpassung /1/.
Das Ofensystem besteht aus 15 konstruktiv gleichartig aufgebauten und aneinandergereihten Heizzonen. Zur Temperaturmessung steht je Heizzone ein Thermoelement zur Verfügung. Die Eingangsgrößen des Systems sind die Heizleistungen der Zonen und die Ausgangsgrößen die entsprechenden Temperaturen, d. h., es ist eine quadratische 15 · 15-Übertragungsfunktionsmatrix der multivariablen Strecke mit einer P-Struktur aufzustellen. Die Elemente der Übertragungsfunktionsmatrix setzen sich näherungsweise aus zwei parallelgeschalteten Übertragungsgliedern zusammen. Das eine Übertragungsglied, ein PT1-Glied, spiegelt den Einfluß der fast trägheitslosen Wärmestrahlung, die am Arbeitspunkt des Ofens eine dominierende Rolle spielt, wider. Das thermische Speichervermögen der Ofenwandung wird durch das zweite stark trägheitsbehaftete Übertragungsglied, ein PT1-Glied mit Laufzeit, angenähert.
Die Auswertung der Übertragungsfunktionsmatrix zeigt, das der minimalste Durchgriff, d. h. die Beeinflussung der Temperatur einer Randzone bei Änderung der Leistungseinspeisung auf die entgegengesetzte Randzone, noch 40 % beträgt. Eine Vereinfachung der Übertragungsfunktionsmatrix durch Vernachlässigung einzelner Elemente ist wegen der starken Kopplung nicht möglich. Auch die Zerlegung des Gesamtsystems in Teilsysteme, die sich z. B. in ihren dynamischen Eigenschaften stark unterscheiden, ist, bedingt durch die gegebene Struktur, nicht anwendbar.
Die Beschreibung des Ein-/Ausgangs-Verhaltens des Systems, unter der Annahme einer P-kanonischen Darstellung, ist allgemein realisierbar. Eine strukturelle Untersuchung des

Systems, wie sie in /8/ angeregt wird, zeigt jedoch, daß es sich näherungsweise aus N
gleichen Teilsystemen, den einzelnen Heizzonen, zusammensetzt, die über symmetrische
Koppelbeziehungen miteinander verbunden sind. Diese Struktur soll nachfolgend erläutert
werden.
Die einzelnen Zonen werden zunächst als vollständig entkoppelt betrachtet, d. h.
die auftretenden Wärmeströme zwischen den Zonen (Wärmeleitung in der Ofenwand, Wärmestrahlung im Nutzraum) werden durch die Annahme adiabatischer axialer Ofenwände unterbunden
(Bild 1). Das dynamische Verhalten einer so entkoppelten Zone wird durch die Übertra-

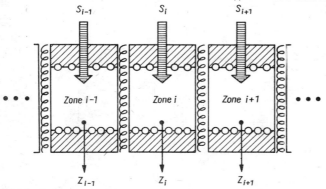

Bild 1. Zerlegung des Mehrzonenrohrofens in thermisch entkoppelte Zonen

gungsfunktion G(p) beschrieben. Die durch die Kopplungen der Zone i zusätzlich zugeführte
(bzw. abgeführte) Wärmemenge wird mit s_i bezeichnet. Der Betrag der zugeführten Wärmemenge kann in erster Näherung als linear abhängig von der Temperaturdifferenz zwischen
der Temperatur der Zone i (z_i) und der Temperatur der Zone j (z_j) betrachtet werden,
d. h., die der Zone i durch die Kopplungen zugeführte Wärmemenge s_i berechnet sich nach:

$$s_i = (z_1 - z_i) \cdot l_{i1} + (z_2 - z_i) \cdot l_{i2} \ldots + (z_N - z_i) \cdot l_{iN}$$

Die Ausklammerung von z_i in der i-ten Zeile führt zu

$$s_i = -z_i(l_{i1} + l_{i2} \ldots + l_{iN}) + z_1 l_{i1} + z_2 l_{i2} \ldots + z_N l_{iN}$$

In vektorieller Schreibweise erhält man allgemein:

$$\begin{bmatrix} s_1 \\ s_2 \\ \vdots \\ s_N \end{bmatrix} = \begin{bmatrix} \sum_{k \neq 1} -l_{1k} & l_{12} & \cdots & l_{1N} \\ l_{21} & \sum_{k \neq 2} -l_{2k} & \cdots & l_{2N} \\ \vdots & \vdots & & \vdots \\ l_{N1} & l_{N2} & \cdots & \sum_{k \neq N} -l_{Nk} \end{bmatrix} \cdot \begin{bmatrix} z_1 \\ z_2 \\ \vdots \\ z_N \end{bmatrix}$$

Die Struktur des gekoppelten Systems ist in Bild 2 dargestellt. Der der Zone i zugeführte Wärmestrom wird in dem Übertragungsglied R in eine zeitabhängige Temperaturänderung x_{i2} überführt. Im folgenden wird die Berechnung für den statischen Fall durchgeführt, d. h., der statische Verstärkungsfaktor r ist 1. Somit wird durch dieses Glied nur eine Einheitsnormierung vorgenommen.

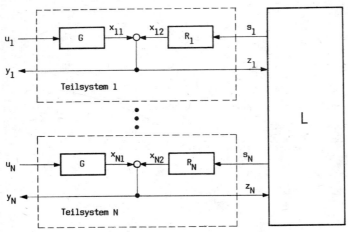

Bild 2. Struktur des gekoppelten Systems

Grundlage für die Berechnung der Koppelmatrix L ist der Gedanke, daß bei Kenntnis des statischen Ein-/Ausgangs-Verhaltens des Gesamtsystems (K-Matrix) sowie des statischen Verhaltens der entkoppelten Teilsysteme (G(p)) die Koppelmatrix L berechnet werden kann. Für das Gesamtsystem gilt:

$$\underline{y} = K\underline{u} \tag{1}$$

wobei

$$\underline{x}_1 = \text{diag } G\underline{u} \qquad \text{diag } G = GI \tag{2}$$

$$\underline{y} = \underline{x}_1 + \underline{s} \tag{3}$$

$$\underline{s} = L\underline{y} \tag{4}$$

Durch Umformung erhält man

$$\underline{y} = \text{diag } G\underline{u} + L\underline{y} \tag{5}$$

$$L = I - \text{diag } GK^{-1} \tag{6}$$

Zur Veranschaulichung wird ein gekoppeltes Zweigrößensystem in einer für die Simulation notwendigen Form dargestellt (Bild 3). Die Auflösung des Gleichungssystems (5) führt zur Berechnungsgleichung der Regelgröße y_i

$$y_i = \frac{\sum_{j=i}^{N} l_{ij}y_j + gu_i}{1 - l_{ii}} \qquad (7)$$

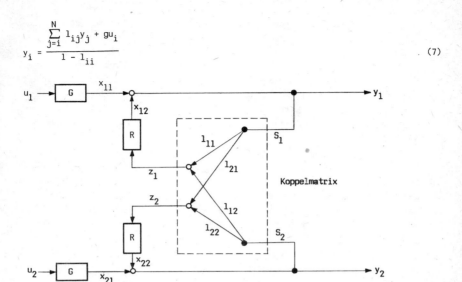

Bild 3. Anordnung der Koppelmatrix zur Realisierung der üblichen E/A-Darstellung

Auswahl der Reglerstruktur

Die Auswahl der Reglerstruktur ist eng mit den Realisierungsmöglichkeiten der verwendeten Programmiersoftware PROMAR 5000 des Mikrorechnerreglers S 2000 R verbunden. Der Aufbau einer Mehrgrößenregelung mit Entkopplungsnetzwerk ist mit der vorhandenen Reglersoftware prinzipiell realisierbar. Wegen der hohen Dimension des Gesamtsystems ist jedoch nur eine statische Entkopplung implementierbar. Schwierigkeiten, die durch auftretende Modellungenauigkeiten der Regelstrecke hervorgerufen werden, sprechen außerdem gegen die Auswahl dieser Reglerstruktur.

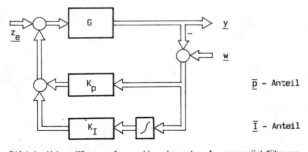

Bild 4. Mehrgrößenregelung mit getrennter Ausgangsrückführung

Eine weitere Methode stellt den Entwurf eines Mehrgrößenreglers mit getrennter Ausgangsrückführung (P- und I-Anteil) dar (Bild 4) /2/. Die Berechnung des Reglers führt auf zwei vollständig besetzte Reglermatrizen in der Ausgangsrückführung. Das Vernachlässigen einzelner Elemente dieser Matrizen ist, bedingt durch die Kopplungen des zu regelnden Systems, nicht durchführbar. Die Vorgabe dieser Reglerstruktur grenzt die Möglichkeiten der zur Verfügung stehenden Software ein. Da die Stellgröße i von allen Regelabweichungen der Zonen 1 bis N beeinflußt wird, ist z. B. die wind-up-Verhinderung nicht anwendbar, da keine eindeutige Ein-Ausgangs-Beziehung am Regler besteht. Außerdem wird die übliche Struktur des in einem Modul zusammengefaßten PI-Reglers verlassen.

Durch die Komplexibilität des zu regelnden Systemes ist es problematisch, Regler zu entwerfen und zu realisieren, die alle Systemausgänge mit den Systemeingängen verkoppeln, wie es bei den oben angeführten Beispielen der Fall ist. Es werden deshalb häufig Wege der Dezentralisierung des Reglers beschritten. Die Dezentralisierung der Regelung beinhaltet die Zerlegung des Gesamtsystems in N Teilsysteme, so daß N einschleifige Regelkreise entstehen. Diese Reglerstruktur ist mit der Software PROMAR 5000 leicht zu realisieren.

Entwurf dezentraler Regler

Die Entwurfsverfahren für dezentrale Regler werden nach /3/ in zwei Gruppen unterteilt:
- dezentrale Entwurfsverfahren
- zentrale Entwurfsverfahren.

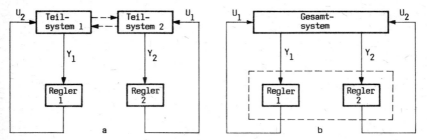

Bild 5. Entwurfsverfahren für dezentrale Regler
a) dezentral
b) zentral

Die Verfahren des dezentralen Entwurfes (Dekompensationsverfahren) setzen eine näherungsweise Teilsystemstruktur der Regelstrecke voraus. Das System wird in N Teilsysteme zerlegt, wobei die Kopplungen zwischen den Teilsystemen zunächst ignoriert werden. Die Regler werden unabhängig voneinander mit Hilfe bekannter Entwurfsverfahren für einschleifige Regelkreise entworfen. Die Sicherung der Stabilität des Gesamtprozesses mit den so dimensionierten Regler stellt das Hauptproblem des dezentralen Entwurfes dar. Wie

in /3, 4/ betont wird, kann die Stabilität nur bei schwacher Kopplung der Teilsysteme erreicht werden. Da diese Voraussetzung bei der vorliegenden Regelstrecke nicht erfüllt ist, kann dieses Entwurfsverfahren keine befriedigenden Ergebnisse liefern.
Bei den zentralen Entwurfsverfahren hingegen erfolgt die Berechnung der dezentralen Regler unter Einbeziehung des Gesamtmodells der Regelstrecke. Eine Zerlegung des Gesamtsystems in eventuell vorhandene Teilsysteme erfolgt während der Entwurfsphase nicht.
Der zentrale Reglerentwurf führt bei der vorausgesetzten diagonalen Reglerstruktur auf N einschleifige Regelkreise, wobei beim Entwurf der Reglerparameter die nicht zu vernachlässigenden Kopplungen der Regelstrecke berücksichtigt werden.
Unter Nutzung des Programmpaketes TANDEM wurden nach dieser Methode dezentrale Regler für das Ofensystem entworfen /5, 6/. Aus Speicherplatzproblemen war nur die Untersuchung eines 5·5-Untersystems des Ofens möglich. Die Ergebnisse der nachfolgenden Simulation des Störverhaltens sind in Bild 6 dargestellt. Es zeigt sich, daß die Störbeeinflussung auf die benachbarten Ofenzonen durch die Regelung fast vollständig kompensiert wird.

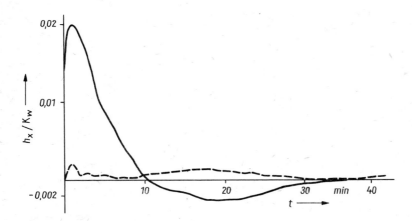

Bild 6. Übergangsfunktion für Störverhalten 5·5-System Sprung auf mittlere Zone
——— mittlere Zone
– – – direkt benachbarte Zone
alle Regler mit K = 31,6; T_n = 3,33 min

Hardwarerealisierung

Die Automatisierungsstruktur und Funktionsebenen für die Gesamtanlage sind im Bild 7 dargestellt.
Zur Temperaturregelung des Ofens kommt der Mikrorechnerregler (MRR) S 2000 R zum Einsatz. Es wurde zunächst untersucht, ob die vorhandenen E/A-Baugruppen des S 2000 R die technologischen Forderungen an die Meß- und Stellgenauigkeit erfüllen. Die Analogbau-

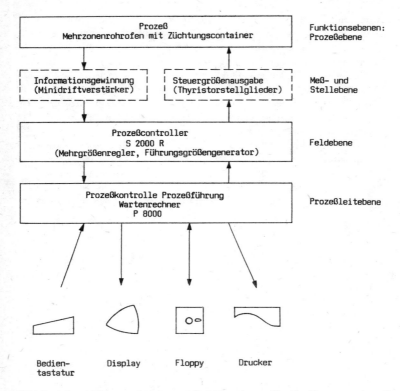

Bild 7. Automatisierungsstruktur und Funktionsebenen für die Steuerung einer Gradient-Freezing-Anlage

gruppe AG 203 (0 bis 20 mV) gewährleistet eine theoretische Temperaturauflösung von 2 K beim Anschluß der PtRh-30/6-Thermoelemente im Arbeitstemperaturbereich. Untersuchungen zeigten, daß die Temperaturstufung unregelmäßig ist und Temperatursprünge bis 4 K im interessierenden Temperaturbereich auftreten, so daß keine befriedigende Temperaturmessung mit den vorhandenen Analogeingängen erreicht werden konnte. Desnalb wurden driftarme intelligente Temperatursensoren auf der Basis von Einchipmikrorechnern mit einer Temperaturauflösung von 0,1 K entwickelt. Ein aktiver Tiefpass filtert Störspannungen mit einer Frequenz > 10 Hz aus. Zur rechnerischen Korrektur der Temperaturdrift und der Alterung der Schaltung wird in konstanten Zeitabständen das Massepotential und die Referenzspannung der Gesamtschaltung gemessen und die Gesamtverstärkung der Schaltung berechnet. Somit ist die Drift der Gesamtschaltung allein von der alterungs- und temperaturbedingten Änderungen der Referenzspannung abhängig.
Bei der Stelltechnik ist prinzipiell die Nutzung industriell gefertigter Thyristorstellglieder möglich. Die analoge Ankopplung an den MRR S 2000 R sowie die Nutzung des Phasen-

anschnittprinzips zur Leistungsstellung erlauben nicht die geforderte Auflösung der
Heizleistung. Es wurden deshalb Thyristorstellglieder entwickelt, die sowohl die Wellen-
paket- als auch die Phasenanschnittsteuerung realisieren. Diese entwickelten Sonderbau-
gruppen erfordern die digitale Kopplung mit dem MRR S 2000 R. Die Ankopplung erfolgt mit

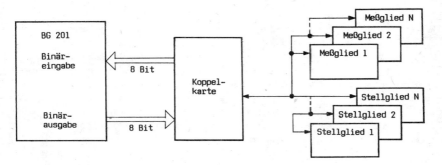

Bild 8. Übersicht zur Kopplung des S 2000 R mit den Meß- und Stellgliedern

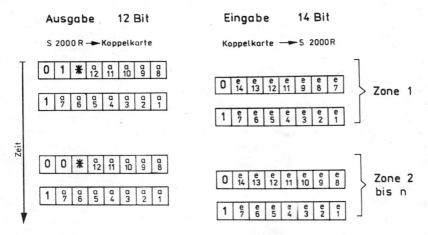

Bild 9. Datenaufbau zum Datenaustausch zwischen S 2000 R und Koppelkarte

Hilfe der binären E/A-Baugruppe BG 201. Eine Vorverarbeitung der parallelen Daten des
MRR S 2000 R übernimmt eine Koppelkarte, die außerdem den Datenaustausch mit den Meß-
und Stellgliedern über ein serielles Linieninterface realisiert (Bild 8). Der Datenaufbau zur Durchführung des Datenaustausches zwischen der binären E/A-Baugruppe des MRR
S 2000 R und der entwickelten Koppelkarte ist im Bild 9 dargestellt.

Folgende Besonderheiten sind zu beachten:
Zur Gewährleistung einer fehlerfreien Datenübernahme muß ein DAV-Signal übertragen werden, daß die Gültigkeit der anstehenden Daten bestätigt. Diese Funktion übernimmt das bit 8, wobei jeder Wechsel (0 → 1 oder 1 → 0) die Übertragung eines neuen Datenbyt signalisiert.
Auf eine Adreßcodierung bei der Datenübergabe zur Koppelkarte, die die Zuordnung der Werte zu einer Zone ermöglicht, wurde zwecks Einsparung der dafür notwendigen zusätzlichen 4 bit verzichtet. Es wird deshalb in jedem Regelzyklus das bit 7 des ersten an die Koppelkarte ausgegebenen byt mit 1 belegt. Dieses bit stellt das Synchronisationsbit dar, durch das der interne Zonenzähler der Koppelkarte bei jedem neuen Regelzyklusdurchlauf auf 1 gesetzt wird, d. h., die Werte sind der Zone 1 zuzuordnen.
Bei experimentellen Untersuchungen konnte die Funktionsfähigkeit der Temperatursensoren und Thyristorstellglieder sowie die Zuverlässigkeit der Datenkopplung zwischen diesen und dem MRR S 2000 R nachgewiesen werden. Es erfolgt gegenwärtig die stufenweise Komplettierung der Anlage mit den Meß- und Stellgliedern.

Programmtechnik

Die Grundlage für die Programmdarstellung bildet die Programmiersprache PROMAR 5000 /7/.
Die Abarbeitung des Programms der dezentralen Temperaturregler erfolgt sequentiell.
Dabei besteht jeder Teilregler, der als MAKRO aufgebaut ist, aus folgenden Komponenten:
Stellgrößenausgabe der Zone i-1 (d. h. des Stellsignals der vorherigen Zone), Einlesen des Temperaturmeßwertes der Zone i, Meßwertaufbereitung (Fehlerbearbeitung), Berechnung des neuen Stellwertes nach dem vorgegebenen Reglalgorithmus und Normierung der Anzeigewerte für das Leitgerät. Am Leitgerät ist die Anzeige von 13 Ofenzonen möglich.
Neben der Realisierung des Regelalgorithmus werden während der Abarbeitung eines Technologieprogramms die zeitabhängigen Solltemperaturen für alle Zonen des Ofens berechnet.
Große Intervallzeiten dieses Berechnungszyklus ermöglichen Temperatur-Zeitverläufe über mehrere Tage.

Literaturverzeichnis

/1/ SAUERMANN, H.: Ein Beitrag zur Simulation und Steuerung von Temperaturfeldern in horizontalen Kristallzüchtungsanlagen. Dissertation A, Bergakademie Freiberg, 1989
/2/ JUMAR, U.: Eine Anwendungsstrategie für robuste Tuning-Mehrgrößenregler mit PI-Charakter. Dissertation A, TH Magdeburg, 1986
/3/ LUNZE, J.: Übersicht über die Verfahren zum Entwurf dezentraler Regler für lineare zeitinvariante Systeme. msr Berlin 23 (1980) 6, S. 315-322
/4/ SCHOLZ, A.; SCHULZ, G.: Strukturelle Analyse von Mehrgrößensystemen als Vorstufe der Berechnung strukturbeschränkter Regler. msr, Berlin 31 (1988) 3, S. 115-118
/5/ KÜHLHORN, W.: Entwurf eines Mehrgrößenreglers für einen Mehrzonenofen zur Einkristallzüchtung. Diplomarbeit, Bergakademie Freiberg, 1989

/6/ RICHTER, R.; LAUCKNER, G.: Programmpaket TANDEM - Bedienungshandbuch. ZKI, AdW der Wiss. der DDR, Dresden 1986
/7/ PROMAR 5000 - Sprache und Modulbibliothek. Kundeninformation. Berlin Kombinat EAW Berlin/Treptow 1987
/8/ LUNZE, J.: Verhalten und Modellierung stark gekoppelter symmetrischer Steuerungssysteme. msr Berlin 31 (1988) 2, S. 63-68

Entwurf einer modellgestützten Steuerung
von Absetzern im Tagebau

Von CH. UNGER und H. REINHARDT, Freiberg

1. Zielstellung

Mit der fortschreitenden Automatisierung von Tagebaugroßgeräten, insbesondere im Zusammenhang mit Direktversturzkombinationen und Absetzern mit großen Auslegerlängen, aber auch im Hinblick auf eine automatisierte Prozeßführung, ist in der letzten Zeit die Steuerung von Absetzern immer mehr in den Mittelpunkt des Interesses getreten. Hauptziel ist es dabei, den Absetzerfahrer zu befähigen, unabhängig von subjektiven Faktoren eine Kippe zu schütten, die den technologischen und geometrischen Vorgaben entspricht /1/.

Zur Realisierung dieser Forderung ist es erforderlich zu wissen, wann der momentan geschüttete Kegel (es wird von einer diskontinuierlichen Arbeitsweise beim Verschwenken des Absetzers ausgegangen) die Höhe der zu schüttenden Kippe erreicht hat. Zu diesem Problem wurden in der Vergangenheit verschiedene Meßverfahren entwickelt, deren Anwendbarkeit allerdings in allen Fällen beschränkt ist (/2/ bis /5/). Die Ursache dafür liegt neben der Abhängigkeit vieler Meßprinzipien von Umwelteinflüssen (z. B. Nebel, Schnee usw.) in der ständigen Verlagerung der Spitze des Kegels, der gerade geschüttet wird (Schüttpunkt). Weiterhin erschwerend ist die Tatsache, daß der Massenstrom gerade an dem Punkt, der vermessen werden soll, auf die Kippe auftrifft. Es ist bislang keine Einrichtung zur Kippenhöhenbestimmung bekannt, die unter allen Betriebs- und Umweltbedingungen die Höhe des Schüttpunktes genau genug bestimmt.

Aus diesem Grunde wurde mit Untersuchungen begonnen, inwieweit eine modellgestützte Vorwärtssteuerung von Absetzern (Bild 1) eingesetzt werden kann, die die oben dargelegten Probleme umgeht und damit weitgehend unabhängig von äußeren Einflüssen arbeitet. Grundlage dieser Steuerung ist eine Volumenstrommessung, deren Realisierung als prinzipiell gelöst angesehen werden kann.

Als Demonstrationsbeispiel wurde eine für Tagebaue typische Technologie der Arbeit eines Absetzers in Tiefschüttung gewählt. Dabei werden große Anforderungen an das zu schüttende Planum gestellt, da auf diesem der Absetzer nach Verlegung der Fahrspur selbst fahren muß. Große Oberflächenunebenheiten erfordern eine kostenaufwendige Nacharbeit. Prinzipiell ist aber die Vorwärtssteuerung auch für alle anderen Regelbetriebstechnologien anwendbar.

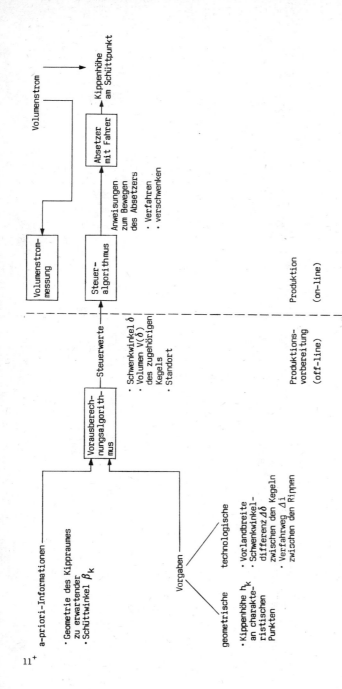

Bild 1. Vorwärtssteuerung eines Absetzers

2. Realisierung der Vorwärtssteuerung

Kernstück der Vorwärtssteuerung ist der Vorausberechnungsalgorithmus, mit dessen Hilfe das Volumen jedes einzelnen Teilkegels einer Rippe berechnet wird. Dazu ist die Kenntnis der Ist-Geometrie des Kippraumes sowie des Schüttwinkels erforderlich. Vereinfachend wird angenommen, daß der Schüttwinkel über einen längeren Zeitraum konstant bleibt und Wind, Massenzusammensetzung usw. keinen wesentlichen Einfluß auf die Abwurfparabel und damit auf den zu schüttenden Kegel haben.
Ergebnis der Berechnungen des Vorausberechnungsalgorithmus, der momentan auf einem IBM-XT-kompatiblen PC implementiert ist, sind Steuerwerte für den Absetzer, bei denen jeder Stellung des Absetzers (unter Annahme eines konstanten Verfahrweges und einer konstanten Winkeldifferenz zwischen den Teilkegeln einer Rippe) ein zu verkippendes Volumen zugeordnet wird. Auf dem Absetzer werden dann an jedem Standort für jede Auslegerstellung die vorausberechneten mit den bereits verkippten Volumina, die über die Volumenstrommessung ermittelt werden, verglichen. Sind zu einem bestimmten Zeitpunkt vorausberechnetes und gemessenes Volumen gleich groß, wird der Ausleger zum nächsten Teilkegel geschwenkt und das vorausberechnete Volumen dieses Kegels wird mit dem gemessenen verglichen usw.
Dieser Steueralgorithmus (Bild 2) wird zusammen mit der Meßwerterfassung durch einen Prozeßrechner realisiert. Die Steuerwerte werden entweder über Funk oder über den physischen Transport eines Massenspeichers (z. B. Magnetband, Diskette) auf den Absetzer übermittelt. Die Ausführung der Bewegungen des Absetzers sollte sinnvollerweise dem Fahrer überlassen werden, obwohl prinzipiell auch eine vollautomatische Steuerung denkbar wäre.

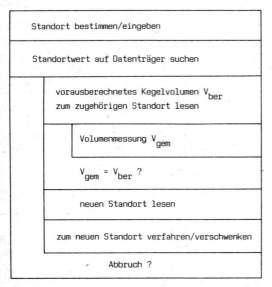

Bild 2
Steueralgorithmus

3. Ausführung und Probleme des Vorausberechnungsalgorithmus

Die einzelnen Teilkegel, deren Volumen in dem Vorausberechnungsalgorithmus berechnet wird, sind im allgemeinen keine Kegel im mathematischen Sinne. Vielmehr kann der bei der Verkippung entstehende gerade Kreiskegel durch die vorhergehende Rippe, den vorhergehenden Teilkegel sowie die Böschung geschnitten werden. Das übrigbleibende Volumen läßt sich prinzipiell durch ein Dreifachintegral beschreiben. Die Grenzen dieses Integrals sind allerdings durch die verschiedenen Grenzflächen des zu berechnenden Volumens so kompliziert, daß eine geschlossene Lösung im allgemeinen nicht möglich ist. Deshalb wird der Kegel mit der Höhe h_K horizontal in einzelne Scheiben mit der Dicke Δh geschnitten und die Flächen der einzelnen Scheiben berechnet (Bild 3). Dabei ergeben sich zur Flächenberechnung Doppelintegrale, deren Lösung im Prinzip unproblematisch ist. Anschließend wird das Kegelvolumen durch Summation aller Teilflächen bestimmt:

$$V_{ber} = \sum_{n=0}^{\frac{h_K}{h}} A_n \cdot \Delta h \quad (1)$$

Damit hängt die Genauigkeit des berechneten Volumens nur noch von der Scheibendicke Δh ab. Wählt man diese ausreichend gering, ist der Fehler vernachlässigbar klein.
Bei dem in Bild 3 dargestellten Beispiel steht der Absetzer zum Schütten des betrachteten Kegels auf dem Punkt P_{i+1} der Absetzerfahrspur, nachdem vorher vom Standort P_i aus eine vollständige Rippe geschüttet wurde. Mit l wird im Bild 3 die effektive Auslegerlänge bezeichnet. Darunter ist die horizontale Entfernung zwischen Drehachse des Absetzers und der Spitze des gerade zu schüttenden Kegels zu verstehen, die sich aus der Entfernung zwischen Drehachse des Absetzers und Mitte Abwurftrommel sowie der Abwurfparabel ergibt. In den Punkt P_i der Absetzerfahrspur wurde der Ursprung eines kartesischen Koordinatensystems (x, y, z) gelegt, in dessen Koordinaten sich alle Begrenzungslinien der zu berechnenden Flächen darstellen lassen. Das in den Schüttpunkt verschobene Koordinatensystem (x^*, y^*, z^*) dient der Vereinfachung der Formulierung verschiedener Gleichungen. Im Bild 3 wurde als ein sehr einfaches Beispiel für die Flächenberechnung der Schnitt des ersten Kegels einer Rippe in der ersten Scheibe dargestellt. Der erste Kegel einer Rippe stellt dahingehend eine Besonderheit dar, daß er direkt auf der Böschung aufliegt und somit der vorhergehende Kegel als zusätzliche Schnittkante bei der zu berechnenden Fläche entfällt. Die dargestellte Fläche wird begrenzt von

- dem Kreisbogen mit dem Radius r_n, der durch den Schnitt des zu schüttenden Kegels entsteht (I),
- der Böschungskante (II) und
- dem Kreisbogen mit dem Radius

$$r = l + r_n \quad (2)$$

der durch den Schnitt der vorhergehenden Rippe entsteht (III).

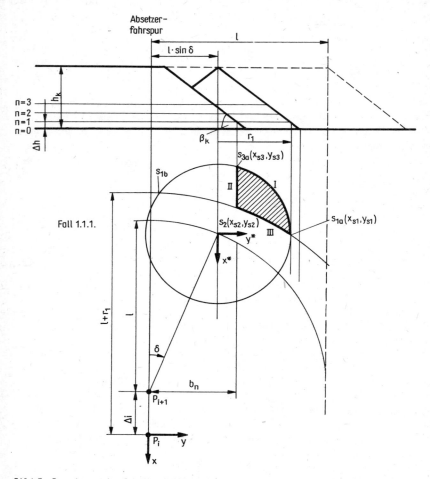

Bild 3. Berechnung der Scheibenfläche der ersten Scheibe des ersten Kegels einer Rippe

Dabei ist r_n der Radius eines Kegels der Höhe h_k in der n-ten Scheibe, S_1 bis S_3 sind die Schnittpunkte der Begrenzungslinien.
Die zu berechnende Fläche wird durch folgende Gleichung beschrieben:

$$A = \int_{r_n + l \cdot \sin \delta_A}^{y_{s1a}} \int_{x = -\sqrt{r_n^2 - (y - l \cdot \sin \delta)^2} - l \cdot \cos \delta + \Delta i}^{x = -\sqrt{(1 + r_n)^2 - y^2}} dx \cdot dy \qquad (3)$$

Allerdings sind die Gleichungen zur Berechnung der Flächen in Abhängigkeit von Art und Lage der Begrenzungslinien sehr unterschiedlich. Bei einer Rippe können etwa 30 verschiedene Fälle zur Flächenberechnung auftreten, die ihrerseits wieder in Teilflächen zerfallen, die nur unter bestimmten Bedingungen zu berücksichtigen sind. Bild 4 zeigt alle die Fälle, die bei dem ersten Kegel einer Rippe auftreten können, wenn die Rippe an der Böschung beginnend geschüttet wird.

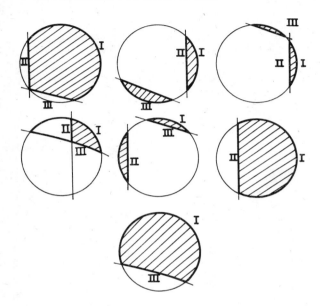

Bild 4
Zu berücksichtigende Fälle bei der Berechnung des Flächeninhaltes der Schnittflächen bei einem auf der Böschung direkt aufsitzenden Kegel

Als sehr schwierig erwies sich, von einem Rechner einfach zu verarbeitende Kriterien zu finden, die diese verschiedenen auftretenden Fälle eindeutig voneinander abgrenzen. Letztlich ergab sich, daß eine Auswertung der Lage der Schnittpunkte der Begrenzungslinien zueinander die günstigsten Kriterien liefert. In dem oben angeführten Beispiel lauten diese Bedingungen, die im Programm zur Auswahl der Gleichung (3) zur Flächenberechnung führen, wie folgt:

$$yslb < b_n \qquad (4)$$
$$ysla > b_n \qquad (5)$$

wobei b_n die y-Koordinate der Böschungskante in Höhe der Scheibe n ist. Bis zu 5 solcher Bedingungen sind erforderlich, um alle auftretenden Fälle sicher unterscheiden zu können.

Die praktische Anwendbarkeit der Vorwärtssteuerung für Absetzer soll bei der Steuerung eines Haldenschüttgerätes erstmalig im großtechnischen Versuch nachgewiesen werden.

Literaturverzeichnis

/1/ REINHARDT, H., u. a.: Lösungsbeispiele, Aufgaben und Probleme der Automatisierung im Braunkohlenbergbau. Freiberger Forschungsheft A 780, Leipzig 1988

/2/ VONDRACEK, F.: Uplatneni radiolokacni methody pri zakladany vysypek (Radargelenkte Kippenanlegung). Zpravodaj VUHU Most (1982) 7/8, S. 40-44

/3/ MACHILL, H., u. a.: Verfahren und Schaltungsanordnung zur Herstellung gleichmäßig gestalteter Kippenoberflächen. Wirtschaftspatent DD 208 460

/4/ NITSCHE, W.; LANGHEINRICH, G.: Anordnung zur Erfassung der Kippenoberfläche und zur Steuerung von Bandabwurfgeräten in Abhängigkeit von der Schütthöhe der Tagebaukippen. Wirtschaftspatent DD 123 941

/5/ HABELSKI, G.; HALBERT, O.: Verfahren zur Herstellung von ebenen Kippenflächen mit Schaltungsanordnung. Wirtschaftspatent DD 114 795

Beitrag zur Bestimmung des Höhenverlaufs von Strossen
für Tagebaugroßgeräte

Von E. WOLF und H. REINHARDT, Freiberg

1. Notwendigkeit des fortschreibenden Nivellements

Zur Minimierung der Kosten für die Abraumbewegung in Tagebauen ist es notwendig, soviel Abraum wie möglich mit hochleistungsfähigen Geräten zu bewegen. Im Falle eines Brückenbetriebes bedeutet das, das Planum für die Abraumbagger entsprechend den Vorgaben so zu legen, daß möglichst wenig Restabraum für den Grubenbetrieb verbleibt. Voraussetzung für eine genaue automatische oder auch manuelle Planumsbaggerung ist die ständige genaue Kenntnis des Isthöhenverlaufs der Strosse /1, 4/. Im konkreten Fall soll der Höhenverlauf des hochschnittseitigen Baggergleises eines Eimerkettenschwenkbaggers Es-3150 der 60-m-Abraumförderbrücke Welzow-Süd fortschreibend bestimmt werden. Der gewonnene Höhenverlauf dient zur kontinuierlichen Überprüfung der Einhaltung der technologischen Vorgaben zur Tagebauentwicklung und zur schnellen Korrektur der Vorgabewerte im Falle des Auftretens von Abweichungen. Momentaner Stand der Technik zur Ermittlung des Isthöhenverlaufs der Strosse ist die Durchführung von Bildflügen durch die Interflug und die anschließende Auswertung der gewonnenen Luftbildaufnahmen. Da die Bildflüge immer nur etwa alle zwei Wochen durchgeführt werden, kann die Planumsgestaltung nicht in ausreichend kurzen Zeitabständen, speziell nach jedem Rückvorgang, kontrolliert werden. Dadurch wird die Entstehung größerer Abweichungen des Planums vom Sollhöhenverlauf begünstigt, die anschließend wieder korrigiert werden müssen. Bei längerem Anhalten einer Schlechtwetterperiode ist es daher durchaus nicht auszuschließen, daß über einen Zeitraum von einigen Wochen überhaupt keine Bildflüge durchgeführt werden können, so daß die Navigation der Großgeräte sozusagen "blind" erfolgen muß. Hier ergibt sich zwingend die Notwendigkeit, ein von den meteorologischen Bedingungen unabhängiges automatisches Meßverfahren zu entwickeln und einzusetzen.

2. Prinzip des fortschreibenden Nivellements

Ausgehend von einem markscheiderisch eingemessenen Punkt der Strosse soll der beim Befahren der Strosse vorliegende Höhenverlauf durch fortschreibende inkrementale Summation der ermittelten Höhendifferenzen zwischen zwei Punkten des Baggerfahrwerkes ermittelt werden. Bei bekannter Ausgangshöhe h_0 am Punkt x_0 und einem gegebenen Rasterabstand x_r der Messungen beträgt die fortgeschriebene Höhe h_n am Punkt x_n nach n Höhenfortschreibungen:

$$h_n = h_0 + \sum_{i=1}^{n} (x_r \cdot \sin \beta_i) \qquad (1)$$

Hierbei ist β_i der Längsneigungswinkel des für die Messung verwendeten Fahrwerksteils.
Das Verfahren wurde in seinen Grundzügen bereits in /5/ und /6/ beschrieben und basiert auf Anwendung und Weiterentwicklung der in /7/ und /8/ aufgeführten Meßprinzipien und Meßanordnungen.
Auf die Genauigkeit dieses fortschreitenden Nivellements wirken folgende zwei Einflußfaktoren ein:
- Genauigkeit der Wegmessung auf der Strosse, d. h. Positionsbestimmung des Baggers
- Genauigkeit der Winkelmessung für die Baggerlängsneigung.

Der prinzipielle Aufbau eines Fahrwerkes eines Eimerkettenschwenkbaggers Es 3150 ist in Bild 1 dargestellt. In der Vergangenheit sind bereits mehrmals Versuche unternommen worden, Schlauchwaagenmeßsysteme zur Bestimmung der Stützhöhendifferenzen der Baggerfahrwerke einzusetzen. Bei der technischen Umsetzung erwiesen sich jedoch alle diese Systeme als in der Praxis zu störanfällig.

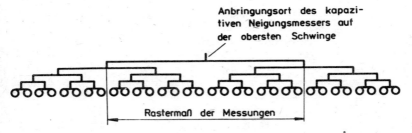

Bild 1. Prinzipieller Aufbau des Baggerfahrwerks des Es 3150

3. Praktische Untersuchungen

3.1. Meßanordnung

Für die zu lösende Meßaufgabe wurde aus den oben genannten Gründen der Einsatz eines kapazitiven Neigungssensors KNS-A-4 /3, 9/ zugrunde gelegt. Der Neigungssensor befindet sich auf der Hauptschwinge des Baggerfahrwerkes (vgl. hierzu Bild 1). Die Messungen erfolgen im Rastermaß der Länge dieser Schwinge während des laufenden Baggerprozesses. Die weiter unten liegenden Schwingenebenen fungieren als mechanisches Filter (Tiefpaßverhalten), so daß eine eventuell vorhandene Welligkeit des Planums das Meßergebnis nicht beeinflußt.
Die Algorithmen zur Meßwerterfassung (Standort des Gerätes sowie Längsneigung) wurden nicht auf dem vorhandenen Prozeßrechner des Baggers (u-5000-Konfiguration) implementiert,

sondern auf einem zu diesem Zweck zusätzlich in einem der Baggerführerstände installierten MC-80. Auf diese Weise konnte eine sonst nötig gewesene aufwendige Änderung der Software des Prozeßrechners für den Versuch umgangen werden. Um die Genauigkeit der Meßergebnisse beurteilen zu können, erfolgte gleichlaufend die manuelle markscheiderische Aufnahme des Höhenverlaufs.

3.2. Meßergebnisse

Der Vergleich der fortschreibend aufgenommenen Höhenverläufe mit einem markscheiderisch angefertigten Strossenriß (Bild 2) zeigt eine prinzipielle Übereinstimmung. Es ist jedoch zu erkennen, daß mit zunehmender Länge der Meßstrecke ein "Wegdriften" des fortgeschriebenen Höhenverlaufes auftritt. Dieses Wegdriften kann als systematischer Fehler des Meßsystems interpretiert werden. Seine Ursache liegt wahrscheinlich in einer nicht ausreichend genauen Eichung des Meßsystems vor Beginn der Messungen, denkbar ist allerdings auch ein Einfluß von Temperaturschwankungen.

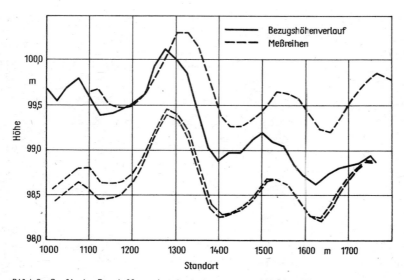

Bild 2. Grafische Darstellung des fortschreibend ermittelten Höhenverlaufs

4. Kompensation des Fehlers

Zur Verminderung des systematischen Fehlers wurde ein Algorithmus entwickelt, der von folgender Überlegung ausgeht. Nach Überfahren einer längeren Wegstrecke und entsprechender Fortschreibung des Höhenverlaufs wird die so ermittelte Höhe mit der wirklichen Höhe eines eingemessenen Eichpunktes verglichen und die aufgetretene Abweichung h_{ab} ermittelt. Diese Abweichung wird entsprechend der Anzahl der Fortschreibungen linear auf die gesamte Meßstrecke aufgeteilt. Die korrigierte Höhe h^{*}_{n} des n-ten Meßpunktes beträgt somit:

$$h^{*}_{n} = h_0 + \sum_{i=1}^{n} (x_r \cdot \sin \beta_i) + h_{ab}/n \qquad (2)$$

Die grafische Darstellung des auf diese Weise korrigierten Höhenverlaufs (Bild 3) macht deutlich, daß der Fehler beträchtlich verringert werden konnte und der fortschreibend ermittelte Höhenverlauf in guter Näherung mit dem realen Strossenhöhenverlauf übereinstimmt.

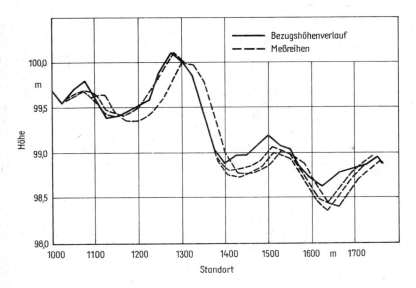

Bild 3. Grafische Darstellung des korrigierten Höhenverlaufs

Im Ergebnis der durchgeführten Untersuchungen wird folgendes Verfahren zur Bestimmung des Strossenhöhenverlaufs vorgeschlagen: Der Höhenverlauf der Strosse wird während des Baggerprozesses zunächst fortschreibend ermittelt und abgespeichert. Sobald ein Eich-

punkt bekannter Höhe erreicht worden ist, wird eine Korrekturrechnung des vorläufig
ermittelten Höhenverlaufes durchgeführt. Da zwischen zwei Rückvorgängen stets mehrere
Fahrten des Baggers durchgeführt werden und im allgemeinen beim erstmaligen Befahren der
Strosse nach dem Rücken des Gleises nicht sofort Planum geschnitten wird, ist es möglich,
vor jedem Planumschnitt mindestens einmal den jeweiligen Strossenabschnitt,bis zu einem
Eichpunkt zu befahren. Zu diesem Zweck ist es erforderlich, über die Länge der Strosse
in größeren Abständen (etwa alle 1000 m) Eichpunkte zu verteilen, die zur Zuweisung der
wahren (absoluten) Höhe an diesem Standort dienen. Als Eichpunkte (Höhennormale) eignen
sich speziell z. B. Rotationslaser, mittels derer die Höheninformation auf kurzen
Strecken draht- und berührungslos übertragen werden kann, wodurch über einige Rück-
perioden hinweg kein Versetzen der Eichpunkte nötig ist.
Das hier vorgestellte Verfahren wurde beim Amt für Erfindungs- und Patentwesen Berlin
zum Patent angemeldet /10/.

Literaturverzeichnis

/1/ REINHARDT, H., u. a.: Lösungsbeispiele, Aufgaben und Probleme der Automatisierung
im Braunkohlenbergbau. Freiberger Forschungsheft A 780, Freiberg 1988
/2/ METZING, P.: Ziele, Möglichkeiten und Funktionen der Automatisierung der Produktionsprozesse eines Braunkohlentagebaus. Vortrag, gehalten auf der Fachtagung
Methodische Hinweise zum Einsatz von Automatisierungsmitteln im Braunkohlentagebau des KdT-FA Prozeßautomatisierung, Leipzig, 22. 09. 1988
/3/ MÜLLER, G.: Probleme der Datenerfassung im Braunkohlentagebau. Vortrag, gehalten
auf der Fachtagung Methodische Hinweise zum Einsatz von Automatisierungsmitteln
im Braunkohlentagebau des KdT-FA Prozeßautomatisierung, Leipzig, 22. 09. 1988
/4/ ROUTSCHEK, H.: Automatisierte Höhenmessung als Voraussetzung für die Echtzeit-
steuerung von 60-m-AFB, msr, Berlin 21 (1978) H. 4, S. 186-188
/5/ WEISBACH, J.: Neigungsmessung an Eimerkettenbaggern. Großer Beleg, Bergakademie
Freiberg, Sekt. MET, 1987
/6/ WEISBACH, J.: Ermittlung der Meßgenauigkeit ausgewählter Meßanordnungen. Diplomarbeit, Bergakademie Freiberg, Sekt. MET, 1988
/7/ BARTUSCH, G.: Meßverfahren mit selbsttätiger Inkrementbildung. Patentschrift
DD 222957 A1, Amt für Erfindungs- und Patentwesen, Berlin 1984
/8/ NADEBORN, H.: Anordnung zur Bestimmung des Isthöhenverlaufs einer Arbeitsebene.
Patentschrift DD 228055 A1, Amt für Erfindungs- und Patentwesen, Berlin 1984
/9/ Katalog bergbautypischer Meßwertgeber. VE BKK Senftenberg (Stammbetrieb),
Bereich F/E, Stand 9/1988
/10/ WOLF, E., u. a.: Verfahren zum fortschreibenden Nivellement für große Strossen-
längen. Patentschrift DD 3265764, Amt für Erfindungs- und Patentwesen, Berlin
1989

Die Möglichkeiten des Einsatzes der Mikroelektronik zur Automatisierung technologischer Prozesse und Mechanismen im Erzbergbau der DDR

Von K.-P. GROBER, Aue, und B. KONIETZKY, Chemnitz

0. Einleitung

Die Automatisierung technologischer Prozesse des Erzbergbaus und von Einzelmechanismen im Unter-Tage-Bereich stand bereits Ende der sechziger Jahre im Mittelpunkt der Effektivitätssteigerung in den Grundprozessen. Ausgehend vom erreichten Mechanisierungsgrad der Prozesse sollte mit der Anwendung der industriellen Elektronik (Translog, ursalog G und S) der Durchbruch zu automatisierten Systemen geschafft werden.
Es zeigte sich aber bald, daß die angebotenen Elektroniksysteme für den Einsatz im Unter-Tage-Bergbau aufgrund der ungünstigen Umweltbedingungen und durch die erhöhten Kosten gegenüber der Relaistechnik (10fach höher) für die Prozeßautomation über Tage keine überzeugende Alternative zur eingesetzten Technik war. Über die Realisierung von Einzellösungen und den Aufbau von Sondersteuerungen ging der Einsatz dieser Elektronik nicht hinaus; eine Breitenanwendung erfolgte nicht.
Mit der stürmischen Entwicklung der Mikroelektronik Ende der siebziger Jahre und den auf dieser Grundlage von der Industrie angebotenen Automatisierungsmitteln in Gestalt von Mikrorechnern und speicherprogrammierbaren Steuerungen wurde in den Jahren nach 1980 der endgültige Durchbruch beim Einsatz der Mikroelektronik im Erzbergbau der DDR zur komplexen Automatisierung der technologischen Prozesse und von Bergbaumechanismen erreicht /1/.
Aufgrund der großen Bedeutung der Automatisierung, oft als einzige Möglichkeit der weiteren Prozeßrationalisierung bzw. -optimierung mit den Ergebnissen

- Arbeitsproduktivitätssteigerung,
- Senkung der Selbstkosten,
- Verbesserung der Arbeitsbedingungen,
- Einsparung von Material, Energie und
- Erhöhung der Lebensdauer von Produktionsanlagen

wurden in den letzten Jahren die Forschungsarbeiten zur Anwendung der Mikroelektronik im Erzbergbau weiter verstärkt.
Im folgenden soll über einige Ergebnisse und Probleme dieser Forschungsarbeiten berichtet werden.

1. Darstellung und Abgrenzung der Forschungsinhalte mit Auswahl der industriell angebotenen Systemkomponenten

Im Ergebnis bisheriger Forschungsaufgaben und der sich daraus ableitbaren Strategien zur effektiven Gestaltung der Produktionsprozesse des Erzbergbaues bis 1995 wurde das in Bild 1 gezeigte Forschungsprofil konzipiert. Diese drei dargestellten Säulen spiegeln die Forschungsschwerpunkte bis zum Jahr 1995 wider.

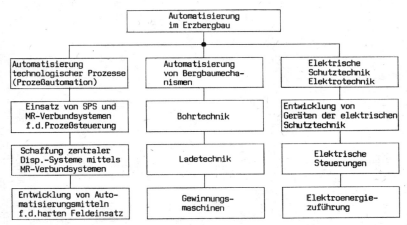

Bild 1. Forschungsprofil zur Automatisierung im Erzbergbau der DDR

In der Prozeßautomatisierung gilt es, solche Aufgaben zu lösen, wie
- Einsatz von speicherprogrammierbaren Steuerungen in Füllortanlagen, Wagenumläufen, Bandanlagen und Hauptgrubenventilatoren,
- Schaffung zentraler Dispatcheranlagen für Energiedispatcher und in der Horizontal- und Vertikalförderung auf der Basis von Mikrorechnerverbundsystemen,
- Entwicklung und Produktion von bergbautauglichen Automatisierungsmitteln, wie z. B.
  • Intelligentes Prozeßkoppelgerät (IPG),
  • Datenendplatz-Förderung (DEP-FÖ),
  • Identifikationseinheit zur Personenerfassung (IDE),
  • Bordcomputer zur Steuerung von Bohrmaschinen (BC 301).

Die verallgemeinerungswürdigen Forschungsergebnisse, die aus diesen Forschungsarbeiten vorliegen, sind hauptsächlich
- im Aufbau von Rechnerverbundsystemen über große Entfernungen,
- in der Entwicklung von Ergänzungsbaugruppen und Mikrorechnerkomponenten und
- in der Erstellung von komfortabler Anwendersoftware

zu sehen.

Die Forschungsinhalte beim Einsatz der Mikroelektronik zur Automatisierung von Bergbaumechanismen sollen durch folgende Beispiele verdeutlicht werden:

- Automatisierung der Großlochbohranlagen BG 144, BG 301 und Entwicklung des "Autonomen Bohrantriebes"
- Entwicklung der elektronisch gesteuerten Bau- und Ladetechnik
- automatisch gesteuerter Erkundungsbohrwagen.

Im Rahmen dieser Entwicklungen wurden wesentliche und verallgemeinerungsfähige Erfahrungen beim Einsatz geeigneter Meßtechnik, Meßwertverarbeitung und Stelltechnik zur konzeptionellen Gestaltung elektronisch geregelter elektrohydraulischer Antriebssysteme auf der Basis von DDR-Hydraulikstandardbaugruppen gesammelt.
Eine besondere Rolle bei der weiteren Elektrifizierung im Bergbau unter und über Tage kommt der elektrischen Schutztechnik zu. Sie ist durch Geräteentwicklungen, wie

- Isolationswächter "IW-1",
- Isolationsüberwachungsgerät "RIG",
- Selektive Abschaltung erdschlußbehafteter Verbraucher "SELAB" und
- der Neuentwicklung "ÜGfS 400"

zu kennzeichnen.
Beispiele der Elektrifizierung sind die Entwicklung des Drehstromoberleitungssystems und die elektrisch betriebenen Fahrschaufellader ULE-2 und ULE-3. Das hier dargestellte breite Forschungsprofil und die von seiten der Industrie angebotene vielfältige Automatisierungstechnik mit ihren Komponenten SPS, Computer, Mikrorechnerentwicklungssysteme einschließlich ihrer Software verlangen, rechtzeitig auf eine einheitliche technische Politik hinsichtlich der Software und Hardware bei der Absteckung künftiger Forschungsaufgaben zu orientieren.
Bedenkt man, daß in der DDR beispielsweise eine Reihe profilierter Hersteller speicherprogrammierbare Steuerungen produzieren, so z. B.:

- VEB Numerik "Karl Marx"   - PC 600, MRS 702/703, SPS 7000
- VEB EAW Berlin-Treptow   - ursalog 5010/5020, S 2000 R/S, ursadat 5000
- VEB EAB Berlin   - MRS 704/705
- VEB Erfurt Elektronik   - EFE 700
- VEB Textima K.-M.-Stadt   - MRS 701

steht jeder Anwender vor der Aufgabe, entsprechend seiner Strategie und Konzeption eine Entscheidung sowohl zum Einsatzumfang, als auch zum anzuwendenden Typensortiment herbeizuführen. Stellt er sich dieser Aufgabe nicht, läuft er Gefahr, in kürzester Zeit eine breite Palette dieser Technik mit all ihren Problemen im Anwendungsbereich zu haben. Dieser Zustand wirkt sich sofort negativ aus.
Das beginnt mit der Projektierung und geht bis hin zur Wartung und Instandhaltung, vor allem durch

- unterschiedliche Projektierungsvorschriften, Programmiersprachen, Funktionsweise,
- eine Vielzahl von Programmier- bzw. Inbetriebnahmetechnik, mit hohem Inwestaufwand,

- unterschiedliche, oft zusätzliche Qualifizierungsmaßnahmen der Fachkollegen in allen Einsatzphasen,
- aufwendige Ersatzteilhaltung, keine Austauschbarkeit von Baugruppen,

um nur einige Beispiele zu nennen. Wesentliche Effekte der Mikroelektronik würden somit verloren gehen.

Ohne auf die Auswahlkriterien und den daraus möglichen Vergleich der in der DDR angebotenen Automatisierungstechnik einzugehen, wird das Ergebnis dieser Untersuchung, welches für den Erzbergbau der DDR durch eine interdisziplinäre Zusammenarbeit vieler Fachkollegen im Rahmen eines KDT-Objektes entstand, vorgestellt.

2. Technische Konzeption zur Automatisierungsstrategie im Erzbergbau der DDR bis 1995

Die Technische Konzeption zur Automatisierungsstrategie im Erzbergbau der DDR sieht für den Zeitraum bis 1995 vorwiegend das Steuerungssystem EAW-Compact elektronik S 2000 zur Prozeßautomation vor. Das sich daraus ergebende Gesamtkonzept ist aus Bild 2 ersichtlich.

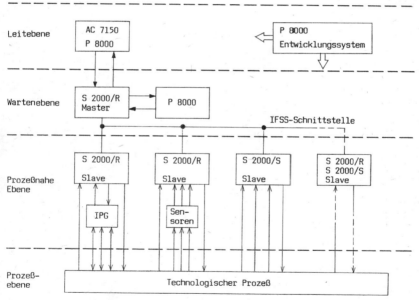

Bild 2. Technische Konzeption zur Automatisierungsstrategie im Erzbergbau der DDR bis 1995

Die prozeßnahe Ebene wird in der Meß- und Stellebene durch den Einsatz von Sensoren, Stellgliedern sowie intelligenter Prozeßkoppelgeräte (IPG) zur Datenverdichtung und in der Feldebene durch die Anwendung der SPS S 2000 R/S als Slaverechner geprägt. Für den Einsatz in der Wartenebene ist der Mikrorechnerregler S 2000 R als Masterrechner und übergeordnet das System P 8000 vorgesehen. Die Leitrechnerebene wird je nach Aufgabenstellung und notwendigem Bedien- und Anzeigekomfort mit den technischen Systemen EC 1834 oder P 8000 realisiert. Außerdem ist dieses Konzept für die Automatisierung von Bergbaumechanismen mit elektrohydraulicher Antriebskonzeption durch den Einsatz des verdrahtungsprogrammierbaren Steuerungssystems ursalog 4000 und den Regler- und Spezialbaugruppen zur Ansteuerung von Ventilen und Stellgliedern vom VEB ORSTA Hydraulik Leipzig zu vervollständigen.

Um den zukünftigen Aufgaben gerecht zu werden und variabel auf neu entstehende Anforderungen zu reagieren, ist das in Bild 3 gezeigte Soft- und Hardwarekonzept zur Entwicklung von Automatisierungslösungen auf der Basis des Mikrorechnerentwicklungssystems P 8000 entstanden. Neben der Echtzeitprogrammentwicklung wird das aus zwei P 8000 gekoppelte Multiterminalsystem auch

- als Datenbanksystem,
- zur Erstellung von Dokumentationen und Texten,
- zur Kommunikation der Nutzer untereinander und weiteren Rationalisierungsaufgaben

genutzt.

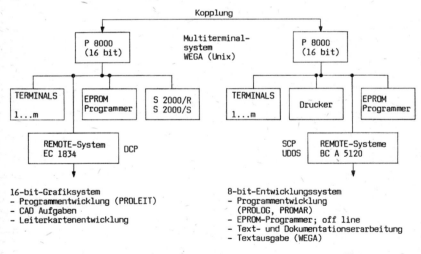

Bild 3. Soft- und Hardwarekonzept zur Entwicklung von Automatisierungslösungen

Dieses Konzept bietet neben einer breiten Nutzung des Mikrorechnerentwicklungssystems auch den Vorteil einer einheitlichen Qualifizierung und Ausbildung der Programmierer.

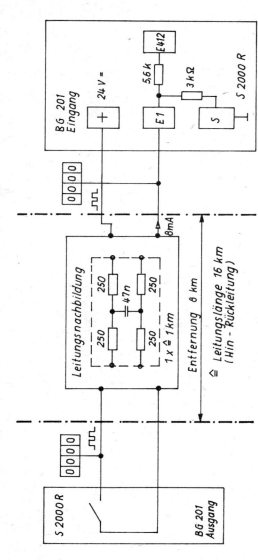

Bild 4. Meßanordnung zur Signalübertragung binärer Signale

Der Erfahrungsaustausch zwischen Soft- und Hardwarespezialisten ist besser organisierbar und der kurzfristige Einsatz von Forschungskapazitäten auf Schwerpunktaufgaben ist komplikationslos zu realisieren. Mit der Entscheidung, das System S 2000 R/S im Erzbergbau der DDR als dominierendes Steuerungssystem einzusetzen, begannen grundlegende Forschungsarbeiten, um das System auf Bergbautauglichkeit zu untersuchen und das Anwendungsspektrum dieser Technik zu erweitern.

Ein wesentliches Problem stellt die vom Hersteller angegebene Begrenzung der Leitungslänge $l \leq 150$ m sowohl für die binären Eingänge als auch für die IFSS-Schnittstelle dar. Diese Tatsache beschränkt den Einsatz der SPS S 2000 R/S bei komplexen Automatisierungsvorhaben in technologischen Prozessen mit großer Ausdehnung (beispielsweise Bandanlagen, Industriekraftwerken, Schachtanlagen usw.) beträchtlich.

Die durchgeführten Untersuchungen entsprechend Meßanordnung Bild 4 ergaben bei einer Störspannungseinkopplung gemäß Bild 5 ein funktionssicheres Arbeiten der SPS S 2000 R.

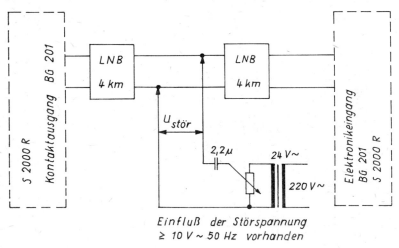

Bild 5. Einkopplung des Störspannungspegels
Legende: LNB-Leitungsnachbildung

Praktisch wird davon ausgegangen, daß die Übertragungs- und Verarbeitungssicherheit bei einem Störspannungspegel ≤ 10 V bei 50 Hz und einer Leitungslänge ≤ 5 km bei binären Eingängen der S 2000 R gegeben ist. Weitere Maßnahmen zur Verbesserung der Kontaktsicherheit von Schaltelementen im Eingangsbereich sind in einem gesonderten Bericht zusammengestellt /2/.

Sind mehrere S 2000 R über ihre IFSS-Schnittstelle über größere Entfernungen zu koppeln, ist dies durch den Einsatz von Datenfernübertragungsrechnern (DfÜ-Rechner) bei Herabsetzung der Boutrate und Realisierung einer V-24-Schnittstelle bis zu mehreren Kilometern (Bild 6) möglich.

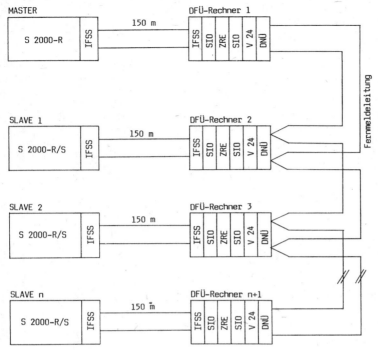

Bild 6. Datenfernübertragungsrechner zur Kopplung von S 2000 R/S über große Entfernungen

Der Einsatz von Lichtleitkabel soll außerdem untersucht werden, um das kostengünstigste und technisch zuverlässigste System für eine generelle Anwendung auszuwählen und bei Bedarf, in einer größeren Stückzahl, zu produzieren.
Die Forschungsarbeiten zum komplexen Einsatz der Mikroelektronik für die Prozeßautomatisierung umfaßt auch bisher nicht erschlossene bzw. z. Z. sich entwickelnde Bereiche.
So wird beispielsweise besonderes Augenmerk auf die Entwicklung der technischen Diagnose zur Erkennung von Frühausfällen bei Maschinensystemen gelegt.
Beim Einsatz der Mikrorechentechnik in Dispatchersystemen wird an der Erarbeitung der Grundlagen zum Aufbau von Beratungssystemen und Expertensystemen für den Einsatz in zentralen Förderdispatchereinrichtungen gearbeitet.
Die komplexe Automatisierung komplizierter technologischer Prozeßabläufe bedingt ein neues Herangehen an den Steuerungsentwurf bzw. an die Testung der Automatisierungslösungen. Eine effektive Vorgehensweise bei der Erarbeitung und Inbetriebnahme der Steuerungsprojekte wird durch die Entwicklung und Anwendung von Prozeßmodellen und Simulatoren gesehen.

Die genannten Aufgaben werden durch eine zielstrebige, angewandte Forschung im Erzbergbau der DDR als Forschungsaufträge der Bergbaubetriebe bearbeitet.

3. Schlußbetrachtung

Dieser Beitrag sollte einige prinzipielle Möglichkeiten des Einsatzes der Mikroelektronik im Erzbergbau der DDR aufzeigen, ohne jedoch das Vollständigkeitsprinzip in Anspruch zu nehmen. Ausgehend von der vorgestellten Automatisierungsstruktur und der dazu ausgewählten Technik wird das Forschungspotential dazu eingesetzt, im Rahmen der angewandten Forschung die größtmöglichsten Effekte bei der Automatisierung der Grund- und Hilfsprozesse des Erzbergbaues der DDR durch den komplexen Einsatz der Mikroelektronik zu garantieren.

Literaturverzeichnis

/1/ Autorenkollektiv: Einsatzkonzeption für speicherprogrammierbare Steuerungen (SPS). Abschlußbericht, Grüna 1988

/2/ GROBER, K.-P., KREHER, H., u. WERBIG, H.: Untersuchungen und Ableitung von Maßnahmen zum Einsatz der 24-V-Gleichspannungsebene für die Peripherie von SPS S 2000 R/S. Ergebnisbericht, Grüna 1989

Vorstellung einer Automatisierungskonzeption auf der Basis des Systems S 2000 und P 8000, dargestellt am Beispiel der Steuerung von Hauptgrubenventilatoren

Von T. GEILER, Grüna, und P. METZING, Freiberg

1. Einleitung

Die Automatisierung technologischer Prozesse wird gegenwärtig und zukünftig weitgehend mit hierarchisch gegliederten, dezentral verteilten Automatisierungssystemen realisiert.
Nachfolgend soll eine derartige Konzeption beschrieben werden, die eine Steuerung von Hauptgrubenventilatoren realisiert und die für viele ähnliche Anwendungsfälle als Beispiel gelten kann.
Die Grubenbewetterung im Bergbau erfolgt bekannterweise überwiegend mit übertägig angeordneten Hauptgrubenventilatoren, wobei im betrachteten Beispiel 4 derartige Hauptgrubenventilatoren von je 1,8 MW elektrischer Leistung im Parallelbetrieb über einen Wetterschacht arbeiten.
Die Konzeption des Parallelbetriebes von mehreren Ventilatoren ermöglicht einerseits ökonomische Vorteile bei der Bewetterung infolge des Erfordernisses von nur einer Schachtröhre, andererseits ist eine gegenseitige Beeinflussung der Ventilatoren unvermeidbar, was wiederum Rückwirkung auf die Automatisierungslösung vor allem in Richtung eines komplizierteren Prozeßführungsverhaltens hat.

2. Präzisierung des technologischen Problems aus der Sicht der Automatisierung

2.1. Technologischer Prozeß

Im Bild 1 ist ein technologisches Gesamtschema mit wichtigen MSR-Stellen dargestellt.
Im Rahmen der automatischen Meßwerterfassung und Primärdatenverarbeitung sind für jeden Ventilator etwa 20 stetige Prozeßmeßgrößen (Analogmeßwerte) sowie 25 binäre Signale zu erfassen. Diese Signale werden im Rahmen der Prozeßsicherung, -stabilisierung, -führung sowie -optimierung differenziert verarbeitet und bilden die Basis für etwa 20 binäre Ausgangsgrößen, vorwiegend für die Prozeßführung.
Das Ventilatorsystem stellt aufgrund der Kopplungen im Steuerungsobjekt (4 parallel arbeitende Ventilatoren) ein Mehrgrößensystem dar (4 Regelkreise sind miteinander gekoppelt) /1/.
Besonders die Ausgangsgrößen Wettermenge und Depression jedes Ventilators sind sowohl abhängig von der "eigenen" Steuergröße (Drallreglerstellung) als auch von den Steuergrößen der parallel arbeitenden Ventilatoren. Bei durch Maßnahmen der Prozeßstabilisie-

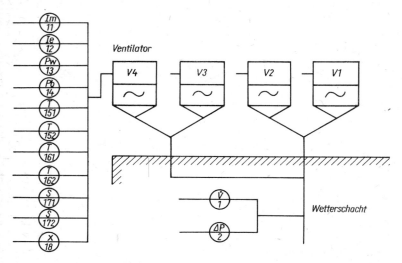

Bild 1. MSR-Schema - Steuerung Hauptgrubenventilatoren (vereinfachte Darstellung)

Meßstelle		Benennung
$\dot{V}$	1	Wettermenge (m^3/s)
ΔP	2	Depression (Pa)
Im	11	Motorstrom (A)
Ie	12	Erregerstrom (A)
Pw	13	Wirkleistung (kW)
Pb	14	Blindleistung (kVar)
T	151	Temperatur Motorlager 1 (^oC)
T	152	Temperatur Motorlager 2 (^oC)
T	161	Temperatur Ventillager 1 (^oC)
T	162	Temperatur Ventillager 2 (^oC)
S	171	Schwingung Ventillager 1 (mm/s)
S	172	Schwingung Ventillager 2 (mm/s)
X	18	Drallreglerstellung (grd)

rung nicht beherrschbaren Störungen (z. B. Ausfall eines Ventilators) des Systems ist im Rahmen der Prozeßführung automatisch ein neuer Prozeßzustand zu realisieren.

2.2. Parallelbetrieb von Ventilatoren

Ein Ventilator ist eine Strömungsmaschine zur kontinuierlichen Förderung von Gasen, wobei mechanische Energie mittels eines Laufrades an das Gas übertragen wird /7/.

Die typische Kennlinie PG = $f(\dot{V})$ eines Axialventilators zeigt Bild 2.
Unter Grubenkennlinie kann man sich die Last (Belastung) des Ventilators vorstellen, wobei diese im wesentlichen von der Geometrie der Wetterführung bestimmt wird (Wetterwiderstand). Der Arbeitspunkt eines Ventilators ist durch den Schnittpunkt der Grubenkennlinie mit der Ventilatorkennlinie bestimmt (jeweils für eine bestimmte Drallreglerstellung α !).

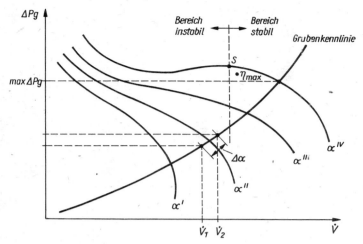

Bild 2. Typische Axialventilatorkennlinie
ΔPG - Depression (Pa); $\dot{V}$ - Wettermenge (m³/s)
Parameter: Drallreglerstellung α

Der stabile Ast der Kennlinie befindet sich rechts vom Scheitelpunkt S, Instabilität ist für Arbeitspunkte links vom Scheitelpunkt S zu erwarten. Diese Instabilität kann bei bestimmten Lastbedingungen (Wetterwiderstand) auftreten und ist im Rahmen der Automatisierungslösung durch Beeinflussung des Arbeitspunktes des Ventilators zu verhindern /5/.

Parallelbetrieb mehrerer Ventilatoren verschärft dieses Problem deutlich, da die o. g. gegenseitige Beeinflussung u. a. über die globale Prozeßgröße Depression auftritt (Mehrgrößensystem).

2.3. Anforderung an die Automatisierungslösung

Betrachtet werden sollen vor allem Prozeßführungsaufgaben, da hier besondere Anforderungen an die Automatisierungslösung stehen.
Bild 3 soll den vereinfachten Algorithmus der automatischen Steuerung der Wettermenge eines Einzelventilators verdeutlichen.
Das Stellglied zur Verdrehung der Laufschaufeln und damit Veränderung der Wettermenge eines Ventilators wird in der Umgangssprache als "Drallregler" bezeichnet und kann Winkelstellungen zwischen 30° und 110° annehmen /7/.
Bild 4 zeigt den vereinfachten Algorithmus der Prozeßführung im Parallelbetrieb von bis zu 4 Ventilatoren.
Insbesondere beim Anfahren der Ventilatoren (bis auf Nennlast) sind aus Stabilitätsgründen besondere Prozeßführungsstrategien zu verwirklichen. Basierend auf den Untersuchungen der Strömungstechniker wurde ein Algorithmus nach Bild 4 gewählt, wobei folgende Prämissen gelten:

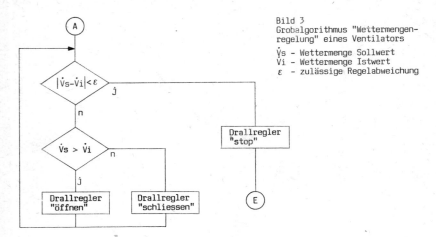

Bild 3
Grobalgorithmus "Wettermengen-regelung" eines Ventilators

$\dot{V}s$ - Wettermenge Sollwert
$\dot{V}i$ - Wettermenge Istwert
ε - zulässige Regelabweichung

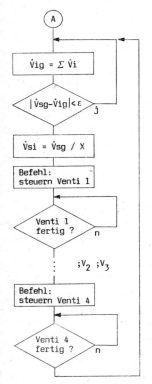

Bild 4
Grobalgorithmus "Steuern" von 4 parallelen Ventilatoren

$\dot{V}ig$ - Wettermenge Istwert gesamt
$\dot{V}sg$ - Wettermenge Sollwert gesamt
X - Anzahl der Ventilatoren

- Die Gesamtsollwettermenge des Ventilatorsystems ($\dot{V}sg$) wird gleichmäßig auf alle in Betrieb befindlichen Ventilatoren (X) aufgeteilt.
- Die gegenseitige Beeinflussung der Ventilatoren über bestimmte Prozeßgrößen (z. B. Depression) erfordert einen Führungsregler (S-2000-R-Master), der u. a. gewährleistet, daß jeweils nur die Steuerung für einen Ventilator entsprechend Bild 3 aktiv ist.
- Sollwertänderungen (Menge) für das Gesamtsystem können nur stufenweise vorgenommen werden, wobei der Führungsregler die Koordinierung übernimmt. Anzahl und Betrag der Sollwertsprünge werden dem Automatisierungssystem von den Strömungstechnikern auf der Basis von Messungen vorgegeben.

Beispielsweise wird das Anfahren einer neuen Laststufe immer mit dem kennlinienmäßig "schlechtesten" Ventilator begonnen, da dort die Gefahr eines instabilen Betriebes am größten ist /5/.
(Die Ventilatorkennlinie ist als Parameter vor Inbetriebnahme des Systems bekannt.)

3. Automatisierungskonzeption im praktischen Einsatzbeispiel

Die Automatisierungsstruktur ist im Bild 5 zu erkennen.
Wesentlich ist die Realisierung im prozeßnahen Bereich, wo jedem Ventilator (V1 bis V4) ein Mikrorechnerregler S 2000 R zugeordnet ist (S1 bis S4).
Diese Mikrorechner decken vorwiegend folgendes Aufgabenspektrum ab:
- Meßwerterfassung und Primärdatenverarbeitung
  Messung aller stetigen (etwa 80) und binären (etwa 100) Prozeßgrößen
- Prozeßsicherung
  Überwachung aller lokalen Prozeßzustände, Vermeidung gefährlicher Prozeßzustände
  (z. B. Temperaturüberwachung, Schwingungsüberwachung)
- Prozeßstabilisierung
  Einhaltung der lokalen Prozeßgrößen in einem vorgegebenen Toleranzbereich (z. B. Wettermenge im vom Führungsregler vorgegebenen Sollwertbereich/Temperaturregelung - beide durch Dreipunktregelung realisiert).

Die vier Mikrorechnerregler S 2000 R arbeiten als Slave und werden vom Führungsregler S 2000 R (Master) gesteuert, so daß für dieses Rechnerverbundsystem das Master-Slave-Prinzip realisiert ist /6/.
Aufgaben dieses Masters (Führungsregler) sind überwiegend in der Prozeßführung zu sehen. Er realisiert weiterhin sowohl die Kommunikation mit dem Wartenrechner (LR 412) als auch mit dem Leitrechner (LR BB).

Prozeßführungsaufgaben

Steuerung des "Hoch- bzw. Abfahrens" der Ventilatoren entsprechend vorgegebenen Sollwerten sowie entsprechend der gewählten Steuerstrategie des Leitrechners (vgl. Bild 4!).

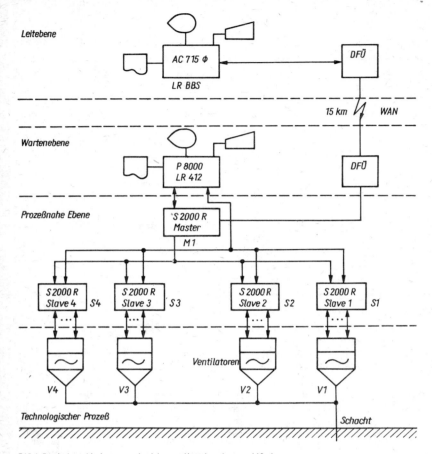

Bild 5. Automatisierungsstruktur - Hauptgrubenventilatoren

Kommunikationsaufgaben

Bereitstellung von Meßwerten, Betriebszuständen und Alarmmeldungen für die Wartenrechner und den Leitrechner.

Die örtliche Leitrechnerebene (Wartenrechner LR 412) ist auf der Basis des Systems P 8000 als Quasiechtzeitsystem realisiert. Die Kopplung erfolgt seriell (IFSS - 9600 Bd) sowohl zum S-2000-R-Master (M1) als auch zu allen 4 S-2000-R-Slaves (S1 bis S4) /1, 2/.

Die örtliche Leitebene (Wartenrechner LR 412) ermöglicht die gesamte Bedienung und Überwachung des Ventilatorsystems im bildschirmgeführten Dialog, die Protokollierung sowie Bilanzierung des Betriebsablaufes.

```
Meßwerte Venti 4           03. 06. 1989            08 : 32 : 37

Motorstrom:       13,0   A              Motorlager 1:      21,4   GRD C
Wirkleistung:   1323,9   kW             Motorlager 2:      23,7   GRD C
Blindleistung:   117,4   kVar           Schwing. Lg. 1:     2,2   mm/s
Cos phi:           1,00                 Schwing. Lg. 2:     3,5   mm/s
Erregerstrom:    311,2   A              Drallregler:       82,8   GRD
Kühlluft:         20,6   GRD C          Depression:      1552     Pa
Ventillager 1:    38,1   GRD C          Wettermenge 1:    360     cbm/s
Ventillager 2:    44,3   GRD C          Wettermenge 2:    323     cbm/s


              BB Drosen HGV 412       03. 06. 1989      08 : 32 : 55
                          Gesamtmeßwerte Venti 1 - 4
                    Venti 1      Venti 2      Venti 3      Venti 4
Motorstrom:          0,0          0,0          0,0         118,2    A
Wirkleistung:        0,0          0,0          0,0        1262,4    kW
Blindleistung:       0,0          0,0          0,0         168,4    kVar
Cos phi:             0,00         0,00         0,00          0,99
Drallregler:         0,0          0,0          0,0          78,0    Grad
Depression:          0            0            0          1063      Pa
                                                         Q - Soll: 330,0
Wettermenge:         0,0          0,0          0,0         359,8    cbm/s
                                                         Q - Ist:  359,8
```

Bild 6. Displayübersichtsdarstellung in der Wartenebene

Bild 6 zeigt das Übersichtsdisplaybild in der Wartenebene im Normalbetrieb. Weitere Aufgaben des Wartenrechners LR 412 (P 8000) sind sowohl die Störungsanalyse aller S 2000 R im laufenden Betrieb am Prozeß (online) als auch der Betrieb als Programmier- und Inbetriebnahmesystem für Programmänderungen, Störungssuche und Parametisierung der S 2000 R.
Folgende Softwarekomponenten kommen zum Einsatz:

S 2000 R   Betriebssystem   Echtzeit KEAW
                                Fachsprache PROMAR

P 8000   Betriebssystem   OS/M
                                Programmiersprachen: Turbo-Pascal, Assembler

Erwähnt werden soll noch die im Bild 5 angegebene Leitebene (LR BBS) im prozeßfernen Bereich (Dispatcherzentrale). Die technische Realisierung erfolgt über eine Rechnerkopplung (Basis K 1520) in Form eines Rechnernetzes (WAN - 15 km) über Telefonleitung (2400 Bd) /3/. Leitrechner (LR BBS) in der Dispatcherzentrale ist ein 16-bit-Rechner AC 7150 (Betriebssystem DCP). Er übernimmt im wesentlichen die gleichen Aufgaben wie der örtliche Wartenrechner (P 8000) und ermöglicht damit eine Fernüberwachung und -steuerung der Hauptgrubenventilatoren.
Charakteristisch ist die redundante Auslegung wesentlicher Komponenten aus Gründen der Verfügbarkeit des Gesamtsystems (S-2000-R-Master, WAN) /3/.

Mit diesem hier vorgestellten System wird für ähnliche technologische Probleme eine Lösung vorgestellt, die vor allem aufgrund abgeschlossener leistungsfähiger Teilsysteme mit streng definierten Schnittstellen eine kurzfristige Bearbeitung (Verteilung auf viele Bearbeiter) ermöglicht.
Weiterhin bildet die Teillösung der Rechnerkopplung im Fernbereich über Telefonleitung (WAN bis 30 km) eine Voraussetzung für die Wahrnehmung aller Aufgaben der Leitebene bei weitverteilten dezentralen Automatisierungsstrukturen.

Literaturverzeichnis

/1/ METZING, P.; BALZER, D.; REINHARDT, H.: Prozeßsteuerung. VEB Deutscher Verlag für Grundstoffindustrie, 1986
/2/ BRACK, G.; HELMS, A.: Automatisierungstechnik. VEB Verlag für Grundstoffindustrie, 1985
/3/ LÖFFLER, H.: Lokale Netze. Berlin: Akademie-Verlag, 1987
/4/ KRIESEL, W.: Weiterentwicklung von Mikrorechner-Automatisierungssystemen unter dem Einfluß lokaler Netze (LAN). msr, Berlin 29 (1986), S. 10-14
/5/ MÜLLER, W.: Gutachten zur prinzipiellen Möglichkeit des Parallelbetriebes von vier Hauptgrubenventilatoren vom Typ VBS 2800/702-Z-075-35. BA Freiberg, 1985
/6/ Systembeschreibung Mikrorechnerregler S 200U R. VEB Elektro-Apparate-Werke Berlin-Treptow, 1987
/7/ TGL 24818/01: Ventilatoren - Technische Lieferbedingungen. TGL 24818/02: Ventilatoren - Klassifizierung, Begriffe

Computergestützte Steuerung, Überwachung und Diagnose
von Großlochbohranlagen untertage

Von D. BALDAUF, Grüna, und H. FRANZ, Freiberg

0. Einleitung

Im vorliegenden Beitrag sollen die Probleme und Möglichkeiten der computergestützten Steuerung, Überwachung und Diagnose von Maschinen für den untertägigen Bergbau am Beispiel des Automatisierungssystems für die Großlochbohranlage BG 301 erläutert werden. Die elektro-hydraulische Großlochbohranlage BG 301 besteht aus einem Gerätekomplex zum maschinellen Auffahren von vertikalen Grubenbauen /1/. Das Arbeitsprinzip der Bohranlage beruht auf dem sogenannten "Turmag-Bohrverfahren", d. h., daß eine Zielbohrung kleinen Durchmessers drückend nach oben hergestellt wird, die anschließend ziehend nach unten auf den Enddurchmesser erweitert wird. In Tabelle 1 sind die wichtigsten technischen Daten der Anlage zusammengefaßt.

Tabelle 1. Technische Daten der Großlochbohranlage BG 301

Bohrlochrichtung	vertikal
- max. Bohrlochlänge	360 m
- max. Bohrdurchmesser	3200 mm
Hilfsenergieversorgung	
- Spannungsebene	3 x 380 V, 50 Hz
- Installierte Leistung	230 kW
- max. zulässige Leistungsaufnahme	147 kW
Drehantrieb	
- Stufe I: max. Drehzahl	24 min^{-1}
max. Drehmoment	28 kNm
- Stufe II: max. Drehzahl	61 min^{-1}
max. Drehmoment	11 kNm
Vorschubantrieb	
- Eilvorschub max. Fahrgeschwindigkeit	5,7 m/min
- Bohrvorschub aufwärts	
max. Vorschubkraft	900 kN
max. Bohrgeschwindigkeit	0,3 m/min
abwärts	
max. Vorschubkraft	600 kN
max. Bohrgeschwindigkeit	0,5 m/min

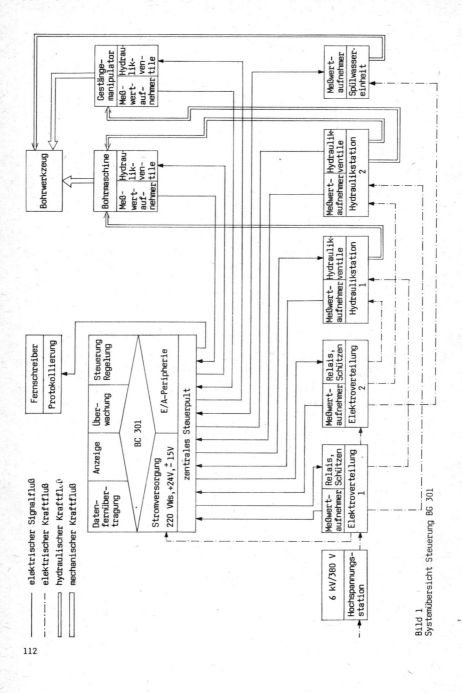

Bild 1
Systemübersicht Steuerung BG 301

Die Drehbewegung des Bohrstrangs wird durch zwei hydraulisch in Stufen stellbare Radialkolbenmotoren, der Vorschub durch zwei Hydraulikzylinder erzeugt.
Zur Gewährleistung ihrer Funktion ist die Großlochbohranlage mit insgesamt 10 Elektromotoren, 10 stetig stellbaren Hydraulikventilen und 14 Magnetventilen ausgerüstet.
Die Ausrüstungen der Anlage verteilen sich auf die Baueinheiten (Bild 1):
- Bohrmaschine
- Gestängemanipulator
- Hydraulikstationen HA1 und HA2
- Elektroverteilungen TVA und TVB
- Spülwassereinheit
- Zentrales Steuerpult.

Im Steuerpult sind sämtliche Bedien- und Kontrollfunktionen der Bohranlage konzentriert.

1. Aufgaben und Konzeption des Steuerungssystems

Großlochbohrmaschinen von der Leistungsfähigkeit der BG 301 sind Anlagen, die wegen des Umfangs der technischen Ausrüstungen und der Kompliziertheit des Bohrprozesses unter ständig wechselnden Umgebungsbedingungen äußerst hohe Anforderungen an das Bedienungspersonal stellen und durch eine einfache Handsteuerung kaum beherrschbar sind.
Deshalb wurde, ausgehend von den Erfahrungen beim Einsatz der Großlochbohrmaschine BG 142A /2, 3/, schon in der Planungsphase eine umfassende Automatisierung der Anlage vorgesehen, die folgende Funktionsumfänge zu realisieren hat:
- Steuerung der Bohrmaschine und der Hilfseinrichtungen
- Regelung der Bohrparameter
  1. Ausbaustufe: Einhaltung technologisch vorgegebener Sollwerte für Drehzahl und Andruckkraft ohne Überschreitung der durch die Maschinenparameter, die eingesetzten Bohrwerkzeuge und die Netzverhältnisse bestimmten Grenzwerte
  2. Ausbaustufe: Adaptive Regelung der Bohrparameter nach einem technologischen Optimierungskriterium
- Maschinenzustandsüberwachung
  Anzeige von Meßwerten, Signalisation von Antriebszuständen, Ventilstellungen und Grenzwerten sowie Stillsetzung der Anlage in Havariesituationen
- Ermittlung und Anzeige der Bohrparameter
- Datenfernübertragung und Protokollierung.

Diese Aufgaben sind in ihrer Gesamtheit nur durch ein rechnergestütztes Automatisierungssystem zu erfüllen, das außerdem den besonderen Bedingungen des untertägigen Betriebs gerecht werden muß. Als Kern des Systems wird eine eigenentwickelte speicherprogrammierbare Steuerung, der "Bordcomputer BC 301" /4/, eingesetzt (Bild 2).
Der Bordcomputer basiert auf dem Mikroprozessorsystem U880 und besteht aus zwei über eine PIO-Schnittstelle gekoppelten Rechnern mit fester Master-Slave-Zuordnung. Dabei übernimmt der Master die Bedienung der Peripheriebaugruppen, die Meßwertverarbeitung

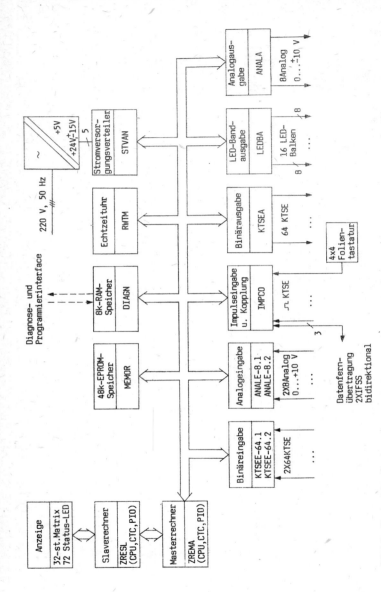

Bild 2. Blockschema Bordcomputer

und die Abarbeitung des Steueralgorithmus. In der Konfiguration für die Großlochbohranlage verfügt der Bordcomputer über 128 Binär-, 3 Impuls- und 16 Analogeingänge sowie über 64 Binär-, 8 Analog- und 16 LED-Bandausgänge. Das Steuerprogramm umfaßt etwa 40 kByte. Der Slave dient ausschließlich zur Ansteuerung eines 32stelligen alphanumerischen Anzeigetableaus für Klartextausgabe sowie der Status-LED in einem technologischen Schema. Beim Steuerungsentwurf wurden umfangreiche Maßnahmen getroffen, um eine hohe Zuverlässigkeit sowie günstige Diagnose- und Wartungsmöglichkeiten zu erreichen.

2. Meßwerterfassung

Besondere Bedeutung kommt einer sicheren Meßwerterfassung zu. Die konstruktive Auslegung der Bergbaumaschinen sowie die extremen Umweltbedingungen am Einsatzort untertage verursachen Schwierigkeiten bei der Ausführung betriebssicherer Meßkreise. Bei der Auswahl der Sensorik gewinnen deshalb die Kriterien

- Zuverlässigkeit,
- Schutz vor Umwelteinflüssen,
- Hilfsenergie,
- Ausgangssignal und Signalübertragung

dominierende Bedeutung. Dies ist dadurch bedingt, daß Ausfälle der Meßgeber, da sie unmittelbar erschwerten Umweltbedingungen ausgesetzt sind, einen Schwerpunkt bei Störungen des Steuerungssystems darstellen. Außerdem ist das Bedienungspersonal nur selten in der Lage, die Ursache aufzuspüren und zu beheben. Wartungskräfte sind aber unter Umständen erst nach mehreren Schichten vor Ort, so daß schon geringfügige Ausfälle zu beträchtlichen Stillstandszeiten führen können. Es ist deshalb zwingend notwendig, durch die Wahl entsprechender Meßverfahren, durch den sicheren Schutz der Geber und strukturelle Maßnahmen (z. B. Redundanz) eine hohe Zuverlässigkeit der Meßwerterfassung zu gewährleisten und gleichzeitig durch Überwachungseinrichtungen die Fehlersuche zu erleichtern.

Die Steuerung für die Großlochbohranlage ist mit einer zentralen Meßwerterfassung und -verarbeitung ausgestattet. Die Gebersignale werden in Klemmenkästen auf den einzelnen Anlagenteilen zusammengefaßt, über steckbare Einheitskabel zum Zentralen Steuerpult übertragen und dort den Kartenbaugruppen der Signalaufbereitung zugeführt bzw. direkt an die Eingabekanäle des Rechners geführt (Bild 3).
In der Anlage sind insgesamt 16 Prozeßgrößen, wie Drücke, Temperaturen, Volumenströme und Leistungen, zur Regelung und Überwachung der Antriebe zu erfassen.
Die Gebersignale werden über Vorschaltkarten in ein Einheitsspannungssignal von 0 bis +10 V gewandelt und den Analog-Eingabekarten des Rechners zugeführt. Diese Lösung mit separaten Umformern für jeden Meßkreis ist aufwendig, ermöglicht aber eine universelle Auslegung der Analog-Eingabekarten und vereinfacht die Probleme der Störbeeinflussung und Durchschaltung der Signale auf den A-D-Wandler.
Die Abtastung der Meßwerte ist als 100-ms-Task im Betriebssystem angelegt. Diese Zykluszeit wurde ausgehend von der zur Verfügung stehenden Rechnerkapazität gewählt. Damit

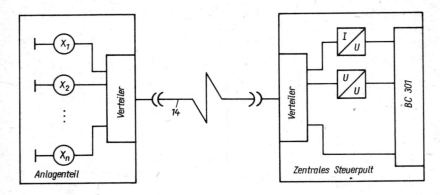

Bild 3. Struktur der Meßwerterfassungseinrichtung

können Signaländerungen bis zu einer Grenzfrequenz von 5 Hz sicher erfaßt werden. Allerdings ist bei größerer Bandbreite der Eingangssignale eine Tiefpaßfilterung vor der A-D-Wandlung erforderlich, da sonst erhebliche Fehler auftreten können /5/.
Zur Gewährleistung der Sicherheit beim Betreiben der Bohranlage sind neben den Analogmeßwerten noch 62 Binärgrößen zu erfassen, um die Überschreitung von Grenzwerten oder Störungen an den elektrischen, hydraulischen und mechanischen Baugruppen zu signalisieren. Zur Eingabe von Binärsignalen und Impulsen verfügt der Bordcomputer über spezielle Eingabekarten, die durch Einsatz des KTSE-Schaltkreises E 412 über die Stör- und Zerstörschutzeigenschaften des auch im Bergbau bestens bewährten ursalog-4000-Systems /6/ verfügen.

3. Meßwertverarbeitung

Bei der rechnergestützten Verarbeitung der Meßwerte ergeben sich qualitativ erweiterte Möglichkeiten für die Nutzung der Prozeßinformationen. Durch Kennlinienkorrektur und digitale Filterung wird eine höhere Meßgenauigkeit, eine Erweiterung des nutzbaren Meßbereichs der Geber und eine bessere Störungsunterdrückung, durch Verknüpfung und Verdichtung der Primärinformationen eine anschauliche Darstellung der Bohrparameter, eine komplexe Überwachung und effektive Störungsdiagnose erreicht. Die programmtechnische Realisierung der Antriebsregelung ermöglicht ein flexibles Reagieren auf sich verändernde technologische Bedingungen.

Regelung der Bohrparameter

In Abhängigkeit von der Betriebsart und von der Technologie des konkreten Einsatzfalls realisiert der Steuerrechner unterschiedliche Regelungsstrategien, bei denen jeweils der Dreh- und Vorschubantrieb der Bohranlage zu steuern sind. Beide Antriebe wirken auf das

Bohrwerkzeug und sind über die Reaktionen, die durch die Krafteinwirkung auf das Gebirge entstehen, miteinander verkoppelt. So führt z. B. die Erhöhung der Vorschubkraft zum Anstieg des Drehmoments bzw. des Drucks im Drehantrieb und durch zunehmende Leckverluste in der Hydraulik zum Abfall der Drehzahl.
In der 1. Ausbaustufe der Automatisierungslösung werden beide Regelkreise separat betrieben. Eine gegenseitige Beeinflussung erfolgt nur bei Überschreitung der Maximalwerte von Drehmoment und Leistungsaufnahme im Drehantrieb (Bild 4). Dabei wird der Vorschubregler außer Betrieb gesetzt und die vorgegebene Vorschubkraft so lange verringert, bis sich im Drehantrieb zulässige Werte für das Drehmoment bzw. die Leistungsaufnahme einstellen.

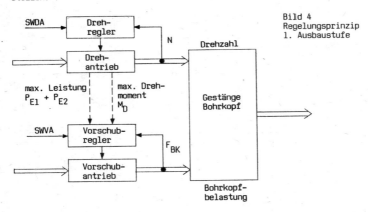

Bild 4
Regelungsprinzip
1. Ausbaustufe

Anzeige der Bohrparameter

Zur Abschätzung des qualitativen Verlaufs des Bohrprozesses und zur Erkennung von Havarien und Verschleiß am Bohrkopf ist es üblich, von Prozeßgrößen auszugehen, die unmittelbar im Bereich der Bohrmaschine erfaßt werden können und Rückschlüsse auf die Verhältnisse am Bohrkopf zulassen /7/. Für das Turmag-Bohrverfahren sind dies die von der Maschine erzeugte Drehzahl und Bohrkopfbelastung sowie die sich als Reaktion der Krafteinwirkung auf das Gestein einstellenden Werte des Drehmoments, der Bohrgeschwindigkeit und der Gesamtleistungsaufnahme. Diese Größen werden durch Verknüpfung von Primärdaten berechnet und dem Bediener als Grundzustand einer 32stelligen Punktmatrixanzeige zur Verfügung gestellt (Bild 5).

Datenfernübertragung und Protokollierung

Beim Betreiben von Bohranlagen besteht eine wichtige Aufgabe in der Aufzeichnung der Prozeßdaten, um die Einhaltung des technologischen Bohrregimes überwachen und an der Weiterentwicklung bestehender Technologien arbeiten zu können.

V_{neu}	X	X	·	X	X	n	e	u	cm / min
V_{alt}	X	X	·	X	X	a	l	t	cm / min
F_{BK}	X	X	·	X					10 kN
N	X	X	·	X					min^{-1}
M_D	X	X	·	X					kNm
P_S	X	X	·	X					10 kVA

Bild 5
Grundanzeige

Da für den untertägigen Bereich keine Registriergeräte zur Verfügung stehen, die ausreichend zuverlässig und robust sind, ist diese Aufgabe im Grubenbetrieb bisher nicht zufriedenstellend gelöst.
Als Ausweg bietet sich hier die Datenfernübertragung nach übertage an, wo dann die übliche Bürotechnik zur Protokollierung genutzt werden kann. Schwierigkeiten bereitet dabei die Bereitstellung der Übertragungsleitungen zu den mobilen Betriebspunkten. Die Datenfernübertragung ist deshalb aus Kostengründen nur dann durchsetzbar, wenn bestehende Kommunikationsverbindungen, wie zum Beispiel das Fernsprechnetz, für dieses Ziel genutzt werden.
Dieser Weg wurde wegen seiner günstigen Realisierungsmöglichkeiten auch für die Großlochbohranlage eingeschlagen. Der Bordcomputer verfügt über zwei IFSS-Schnittstellen. Durch Programmierung des zugehörigen SIO-Bausteins können zwei bidirektionale Übertragungskanäle aufgebaut werden (Bild 6). Vorerst werden damit auf einem Fernschreiber Protokolle zur Dokumentation von Bedienhandlungen und Störungen sowie zur Aufzeichnung der Bohrparameter erzeugt.

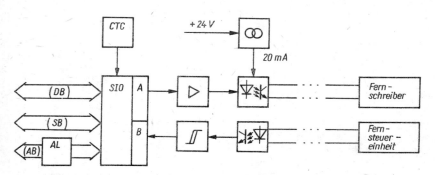

Bild 6. Blockschema Datenfernübertragung/Fernsteuerung

Überwachung und Diagnose

Die rechnergestützte Meßwertverarbeitung ermöglicht in Verbindung mit einer weiterentwickelten Sensortechnik neuartige automatische Überwachungs- und Diagnoseverfahren, die unabdingbare Voraussetzung für den automatischen Betrieb der ständig komplizierter werdenden Anlagen sind. Durch die automatische Überwachung der Steuerung und der Gesamtanlage soll

- eine Erhöhung der Verfügbarkeit,
- eine Verbesserung der Sicherheit und Zuverlässigkeit sowie
- eine Verringerung der Instanthaltungsaufwendungen

erreicht werden. Um den zusätzlichen Hardwareaufwand für die Diagnose in Grenzen zu halten, stützen sich die bei der Großlochbohranlage angewandten Diagnoseverfahren im wesentlichen auf die im Rahmen der Betriebsmeßtechnik gewonnenen Meßwerte. Im einzelnen werden durch Diagnoseprogramme folgende Zielstellungen realisiert:

- Prüfung der Bedienung auf Fehler
- Erkennung von Funktionsstörungen an Baugruppen und der Gesantanlage
- prophylaktische Schadensverhütung bei Störeinflüssen oder Verschleiß
- Verkettung von Störungsmeldungen und Anzeige der Störungsursache im Klartext
- Vereinfachung der Wartung.

Besonders der letzte Punkt ist für den untertägigen Bergbau von herausragender Bedeutung, da für die Wartung der elektronischen und hydraulischen Systeme häufig nur ungenügend geschultes Personal zur Verfügung steht.
Schwerpunkt bei Ausfällen des Steuerungssystems sind Fehler in der Steuerungsperipherie, deren Zuverlässigkeit wesentlich niedriger zu veranschlagen ist, als die des Steuerrechners. Um das Gefährdungspotential für die Bohranlage in vertretbaren Grenzen zu halten, ist es deshalb erforderlich, für den Automatikbetrieb wichtige Ein/Ausgabe-Kanäle der Steuerung zu überwachen. Analogkreise sind aber wegen des großen zulässigen Wertebereichs, ohne zusätzliche Geber bzw. Redundanzen, nur bedingt einer kontinuierlichen Kontrolle zugänglich. Neben der Überwachung auf Überschreitung von Grenzwerten werden deshalb bei der Steuerung der BG 301 definierte Prozeßzustände oder kausale Zusammenhänge im Funktionsverhalten der Anlage genutzt, um die Arbeitsfähigkeit der Peripheriebaugruppen zu untersuchen. Allerdings führt dieses Verfahren meist nur zur Abschaltentscheidung und zu Hinweisen, welche Funktionsgruppe der Anlage ein anormales Verhalten aufweist. Eine Spezifizierung des Fehlerbildes ist dann erst durch weitere Prüfschritte, die vom Wartungspersonal rechnergestützt ausgeführt werden, möglich. Diese Strategie soll an einem Beispiel erläutert werden (Bild 7).
Voraussetzung zur Regelung des Drehmoments ist die Messung der Hydraulikdrücke im Drehantrieb. Ausfälle der piezoresistiven Geber können im Automatikbetrieb eine Überlastung der Bohrwerkzeuge bewirken. Grundlage der Überwachung sind Zustände der Anlage, bei denen die Druckwerte in einem definierten Bereich liegen müssen:

- bei Abschaltung der Antriebsmotoren müssen sich die Drücke in max. 3 min auf 0 abbauen
- bei Zuschaltung der Motoren und Sollwertgeber in 0 messen die Druckaufnehmer im Vor- und Rücklauf Fülldruck
- bei Auslenkung des Sollwertgebers müssen sich zwischen Vor- und Rücklauf sinnfällige Druckdifferenzen aufbauen
- der Maximaldruck ist durch die Einstellung der Druckbegrenzungsventile vorgegeben.

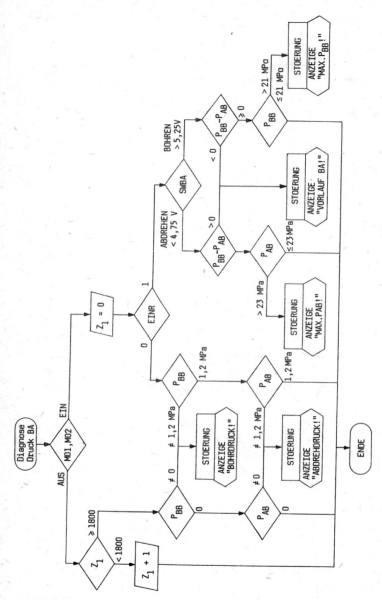

Bild 7. Programmablaufplan Diagnose-Bohrantrieb

Auftretende Fehldrücke können aber auch durch Defekte in der Hydraulik (Verschmutzung oder Verschleiß der Servoventile, Pumpenauslenkung, Druckbegrenzungsventile) bedingt sein, so daß eine weitere Eingrenzung der Fehlerursache erst durch Vergleich der auf das Anzeigetableau gerufenen Druckmeßstelle mit den mechanischen Druckanzeigen an den Hydraulikaggregaten möglich ist.

4. Zusammenfassung

Die Erfahrungen beim Einsatz der Großlochbohranlage BG 301 haben gezeigt, daß es auch unter den Bedingungen des untertägigen Bergbaus möglich und sinnvoll ist, durch Ausrüstung der Maschinen mit einem Automatisierungssystem zur Effektivitätserhöhung der bergmännischen Prozesse beizutragen. Die computergestützte Steuerung gewährleistet eine effektive Führung des Bohrprozesses und die Beherrschung der komplizierten Hydraulikanlage. Die umfangreichen Möglichkeiten zur Diagnose der Bohranlage und der Steuerung tragen wesentlich zur Akzeptanz der Automatisierungslösung bei. Mit dem Bordcomputer liegt eine kompakte, speicherprogrammierbare Steuerung erhöhter Zuverlässigkeit für größere Anlagen vor, die über umfangreiche Möglichkeiten zur Analogwertverarbeitung und Meßwertdarstellung verfügt.

Literaturverzeichnis

/1/ Entwurf Dokumentation: Großlochbohranlage BG 301. SDAG Wismut BAC, 1985
/2/ BALDAUF, D.; FRANZ, H.; GROBER, K.-P.: Erfahrungen und Ergebnisse beim Einsatz der Mikroelektronik im Bergbau unter Tage - dargestellt am Beispiel der Automatisierung der Großlochbohrmaschine BG 142. WTI, SDAG Wismut, 32 (1987) 5, S. 1-5
/3/ GERHARD, H.; GROBER, K.-P.; KONIETZKY, B.: Großlochbohrmaschinen im Vertikalvortrieb - Erfahrungen und Ergebnisse beim Einsatz einer automatisierten Großlochbohrmaschine. Neue Bergbautechnik 15 (1985) 9, S. 338-343
/4/ BALDAUF, D.; SCHLEIFE, G.; GROBER, K.-P.: Entwicklung eines Bordcomputers zur Automatisierung der Großlochbohranlage BG 301. WTI, SDAG Wismut, 32 (1987) 4, S. 12-16
/5/ WOSCHNI, E.-G.: Probleme der digitalen Meßgrößenerfassung und -verarbeitung. msr, Berlin, 26 (1983) 11, S. 602-606
/6/ N. N.: Kenndatenblattsammlung ursalog 4000. VEB Kombinat EAW Berlin, 1984
/7/ GROBER, K.-P.: Untersuchungen zum Einsatz der Mikroelektronik für die automatische Steuerung und Effektivitätssteigerung der Bohrprozesse im Erzbergbau - dargestellt am Beispiel des Großlochbohrverfahrens. Dissertation B, Bergakademie Freiberg, 1986

Mathematische Modellierung des Erzsinterprozesses als Grundlage eines rechnergestützten Prozeßsteuerungssystems

Von L. BÁNHIDI, Miskolc

Erze von minderer Qualität werden grundsätzlich mit einem durchsaugenden Sintern nach dem Dwight-Lloyd-System für das Schmelzen aufbereitet. Infolgedessen bestehen die steuerungstechnischen Aufgaben einerseits in der Steuerung des Materialtransportes auf vielen Transportbändern, andererseits in der Zusammenstellung des Erzgemisches nach entsprechenden Vorgaben, der Einstellung von dessen Feuchtigkeit und in der Regelung des Durchbrennungsprozesses. Die gleichmäßige und zuverlässige Produktion wird durch die an den einzelnen Prozeßgrößen bzw. Prozeßphasen angeschlossenen Regelkreise gesichert. Bei der Gestaltung eines einheitlichen Systems von lokalen Regelkreisen mit dem einheitlichen Regelungsziel der Sicherung gleichmäßiger Sinterqualität bei maximaler Produktivität muß vor allem der Kontinuität des Materialstromes und den nachfolgend aufgeführten Parametern besondere Aufmerksamkeit geschenkt werden:

- dem Feuchtigkeitsgehalt des Gemisches, der über die Gasdurchlässigkeit der Schicht die Produktivität bestimmt
- dem Verbrauch des Heiz- bzw. Brennmaterials, der die Qualität sowie die Kosten des Sinters beeinträchtigt
- der Zugabe des Rückgutes, die sowohl die Produktivität als auch die Qualität des Sinters beeinflußt.

Wegen des Fehlens einer einheitlichen Regelungsstrategie unterstützt die Modellierung des Sinterprozesses die Auswahl von Zielgrößen und Regelungsmethoden sowie die Vorbereitung eines modernen rechnergestützten Automatisierungssystems. Bei der Modellierung sind für das analytische Beschreiben des Prozesses die Gasströmungs- und Wärmeaustauschverhältnisse bzw. die Erhärtung des Gutes entsprechend zu beachten. Aus dem Modellierungsziel - unter Berücksichtigung des Wärmebetriebes - lassen sich die grundlegenden Zustandsgrößen des Prozesses ableiten. Als ebenfalls auf die Qualität des Sintergutes hinweisender Faktor können der Grad des Aufschmelzens und die Aufenthaltsdauer im geschmolzenen Zustand bestimmt werden. Mittels der Modellierung kann auch die Wirkung der technologischen Parameter auf die Ergebniskennwerte untersucht werden.
Die Rechnerlösung ergibt in Form von Diagrammen die Darstellung der Zustandsgrößen nach diskreten Schichten (Bild 1). Das Ergebnis, zusammengefaßt mit an Laboratoriums- bzw. Sintereinrichtungen durchgeführten Versuchen (Aufnahme der Erhitzungskurven), diente der Einstellung einiger Modellparameter, z. B. der räumlichen Wärmeübertragungszahl und der Temperaturabhängigkeit der Reaktionsgeschwindigkeitskonstanten.
Auf der Grundlage der Temperaturkurven ist die Geschwindigkeit des Voranschreitens der steilen Temperaturfront (Wärmeübergabefront), die Verbreitungsgeschwindigkeit der

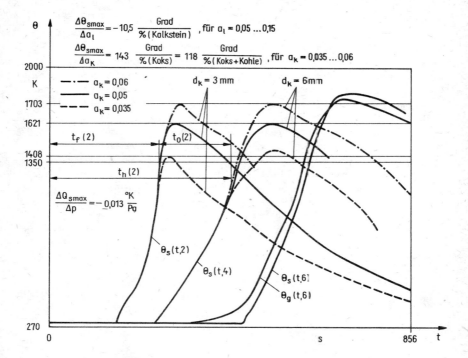

Bild 1. Diagramm der Temperaturkurven für diskrete Schichtdicken

Θ_s, Θ_g — Temperatur des Gutes bzw. Gases (K)
t — Zeit (s)
a_k, a_l — Anteil des Kokses bzw. Kalkes in der Mischung
d_k — Durchmesser der Koksstücke (m)
Δp — Druckabfall in der Schicht (N/m^2)

Feuerzone und des Schmelzbeginnes bzw. die Zeit des Verharrens der einzelnen Schichten im aufgeschmolzenen Zustand feststellbar (Bild 2). Bei Betrachtung des Abkühlungsastes der Kurve ist auch die Geschwindigkeit des Voranschreitens der Erhärtungsfront erkennbar. Die Temperaturkurven der unteren Schichten sind aufgrund der Temperaturregenerierung bei gleicher Heizmaterialverteilung alle ausgedehnter und zeigen eine Verschiebung in den höheren Temperaturbereich. Die Verweilzeit im Schmelzzustand steigt fortlaufend an.
Die Modellierung eröffnete die Möglichkeit, daß während der Simulation bei Änderung des Wertes eines Faktors aus dem Kreis der Eingangsparameter (die anderen bleiben konstant) auf der Grundlage der Ergebniskurven auf den Charakter und das Maß der gegebenen Parameterwirkung geschlußfolgert werden kann.

Im Bild 1 ist die Wirkung des Brennstoffgehaltes bzw. der Stückgröße des Brennmaterials für den Fall ersichtlich, daß die Schichtdicke in 6 diskrete Schichten eingeteilt wurde. Die Kurven beziehen sich auf die 2., 4. und 6. diskrete Schicht.

Ausgehend von der Kinematik der Erhärtung ist im Interesse der mechanischen Festigkeit des Sinters das Wesentliche bei der Herausbildung des Temperaturprofils in der Nähe des Schmelzpunktes, daß der aufsteigende Ast eine steilere, der abfallende Ast eine langsamere Veränderung aufweisen soll. Auch die Ausbreitung der Schmelzzone ist von Bedeutung.

Obwohl man unter der Sintergeschwindigkeit im allgemeinen die Ausbreitungsgeschwindigkeit der Feuerzone oder die Geschwindigkeit des Voranschreitens der Wärmeübergabefront versteht und bei einer beliebigen Isotherme mit einer der Zündtemperatur des Brennmaterials von 973 K entsprechenden Geschwindigkeit des Voranschreitens gerechnet wird, ist es zweckmäßiger, die Sintergeschwindigkeit auf die die Qualität des Sinters mit großer Wirkung beeinflussende Geschwindigkeit des Voranschreitens der geschmolzenen Zone zu beziehen. Diese ist mittels zweier Isothermen eingrenzbar. Aus den zu den Isothermen gehörigen Zeitwerten ist die Geschwindigkeit des Voranschreitens bestimmbar, welche bei guter Annäherung die gemittelten Geschwindigkeiten v_{za} und v_{zf} ergibt. In dem zum Sinterband festgelegten Koordinatensystem ist die Raumlage der Schmelzzone bei guter Annäherung mit Geraden eingrenzbar (Bild 2).

Der Sinteranteil über einer festgelegten Stückgröße zeigt eine lineare Beziehung zur Verweilzeit im Schmelzzustand. Unter Beachtung des linearen Zusammenhanges wird die Leistung des Sinterbandes durch den auf dem Band entstandenen Bereich der Schmelzzone bestimmt (1).

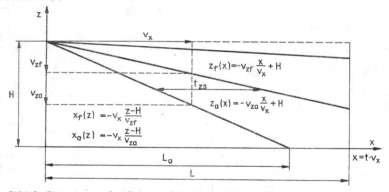

Bild 2. Diagramm zur Raumlage der Schmelzzone auf dem Sinterband

z — Ortskoordinate (m)
H — Schichtdicke (m)
L — Länge des Sinterbandes (m)
v_x — Geschwindigkeit des Bandes (m/s)
v_{za}, v_{zf} — Verbreiterungsgeschwindigkeit des Schmelzanfanges bzw. der Kühlzone (m/s)
t_{zs} — Verweilzeit im Schmelzzustand (s)

$$Q_a = B\varrho_s \alpha c \left(HL - \frac{v_x H^2}{2v_{za}} - \frac{v_{zf} L^2}{2v_x} \right) \qquad (1)$$

Q_a - Massestrom des nutzbaren Sinters (kg/s)
ϱ_s - Dichte der Schicht (kg/m^3)
B   - Breite des Sinterbandes (m)
α - Koeffizient der Sinterausbeute
c   - Steilheit der Funktion zwischen der mechanischen Festigkeit und der Sinterzeit
    (%/s)

Bei der Abstimmung der Materialströme müssen mit Rücksicht auf die Gemischzusammenstellung und Sinterbandgeschwindigkeit die bestehenden Beziehungen beachtet werden:

$$v_{za} = f_1(a_v, H) = C_1 \frac{X_o + ba_v}{H} \qquad (2)$$

$$v_{zf} = r_v(C, d_k) v_{za} \qquad (3)$$

a_v - das Rückgutverhältnis in der Mischung
X_o - die Gaspermeabilität (m/s)
C_1 - charakteristische Konstante der Gutzusammensetzung (m)
b   - Konstante, die die prozeßintensivierende Wirkung des Rückgutes ausdrückt (m/s)
r_v - das Verhältnis zwischen den Geschwindigkeiten der Isothermen
C   - Kohlenstoffgehalt der Mischung.

Nach diesen Relationen wird das Voranschreiten der unteren Front in erster Linie von der Gaspermeabilität bestimmt, die wiederum abhängig vom Verhältnis des rückströmenden Materials ist.
Im Falle des geschlossenen Stoffumlaufprozesses (im stationären Zustand entspricht der sich am Ausgang bildende Rücklaufstrom des Materials dem am Eingang aufgegebenen Rücklaufstrom) ergibt sich der nutzbare Sintergutstrom unter optimaler Ausnutzung des Sinterbandes und bei Streben nach bester Qualität nach der Beziehung:

$$Q_a = \frac{B\varrho_s cHL(1-\sqrt{r_v})}{\beta_o b} \left[b\alpha + X_o - \frac{cH^2(1-\sqrt{r_v})}{\beta_o C_1 \sqrt{r_v}} \right] \qquad (4)$$

β_o - nutzbares Sinterausbringen

Wenn auf der Strecke der Materialströme die Kapazität des mittleren Speichers klein ist, so wird das Eintreten in den Gleichgewichtszustand von der folgenden Gleichung bestimmt:

$$\frac{dM}{dt} = Q_c - Q_w(M) - Q_a(M) \tag{5}$$

M - die sich im Prozeß ansammelnde Stoffmenge (kg)
Q_c - Stoffstrom der Mischung (kg/s)
Q_w - der den Ausbrandverlust berücksichtigende Stoffstrom (kg/s)

In Gl. (5) ist der Massenstrom des Erzgemisches Stellgröße, wenn der nutzbare Sintergutstrom Q_a bzw. die im System angehäufte Materialmenge M als Zielgröße betrachtet werden kann. Der Verluststrom Q_w ist linear abhängig von der im System angehäuften Materialmenge M. Der Nutzsintergutstrom Q_a folgt der mit Gl. (4) beschriebenen Kennlinie, bei der ein extremaler Wert vorliegt.
Da die Bestimmung der sich im System angehäuften Materialmenge auf Schwierigkeiten stößt, ist es zweckmäßig, mit der Wirkung der indirekten Parameter, wie der Schichtdicke auf dem Sinterband H bzw. dem Massestrom des rückgeführten Materials Q_v, zu rechnen. Beide Parameterabhängigkeiten $Q_a(H)$ und $Q_a(Q_v)$ haben extremale Werte, deshalb kann die die maximale Arbeitsleistung garantierende optimale Schichtdicke oder der Rückkehr-Materialstrom als Regelungsziel formuliert werden. Linearisiert man für die Regelung die Gleichung (5), so ist sie für kleine Veränderungen im Bereich um den Arbeitspunkt gültig.
Auf dieser Grundlage ist festzustellen, daß bei geschlossenem Stoffumlauf nur in den in der Charakteristik auf dem aufsteigenden Ast $Q_a(M)$ liegenden Arbeitspunkten ein Gleichgewichtszustand entsteht.
Bei der Veränderung von technologischen Bedingungen ergeben die Charakteristiken $Q_a(M)$ bzw. $Q_a(H)$, $Q_a(Q_v)$ jeweils eine Kurvenschar im Q_a,M-Koordinatensystem, die mit einer abfallenden, sie tangierenden Geraden in der Umgebung des Arbeitspunktes annäherbar ist (Bild 3). Bei konstant eingestelltem Sollwert Q_c führt die Veränderung technologischer Parameter zu einem Zerfall des Gleichgewichtes, was auch den Verlust der Stabilität verursachen kann. Der den Ausgleich der Materialströme bestimmende Wert der Zeitkonstanten ist um Größenordnungen höher als der Wert der Zeitkonstante, welcher bei den technologischen Prozessen bzw. Reaktionen auftritt. Die Lageänderung der Charakteristiken ist aus der Prozeßbeobachtung im Betrieb feststellbar und ist als veränderlicher Sollwert bei der Aufgabe des Erzgemisches in Betracht zu ziehen (Bild 3). Dadurch wird die Notwendigkeit der Anwendung von extremaler Regelung umgehbar, deren Nachteil, infolge des Suchvorganges an einem trägen, laufzeitbehafteten Prozeß nur langsam zu arbeiten, hier bedeutend wäre.
Der Aufbau des komplexen Regelungssystems, angepaßt an die Aufgliederung des Sinterprozesses, kann in 3 Teilsystemen entsprechend der im Bild 3 aufgeführten Form erfolgen: Das "Mischung"-Teilsystem stabilisiert die Zusammensetzung des aufgegebenen Erzgemisches, das "Qualität"-Teilsystem sorgt für die Abstimmung zwischen der Sinterband- und der vertikalen Sintergeschwindigkeit, während das "Produktivität"-Teilsystem bei Sicherung des Gleichgewichts entsprechend dem Rücklauf des Materialstromes die Produktivität bzw. Arbeitsleistung optimiert.

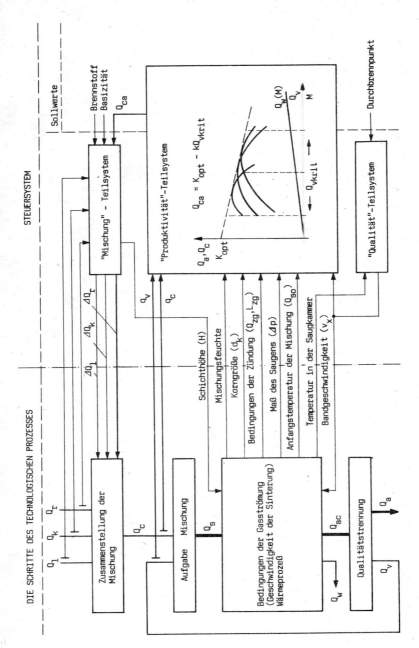

Bild 3. Struktur des komplexen Prozeßsteuerungssystems

Literaturverzeichnis

/1/ BAZILEVICS, S. V.; VEGMANN, E. F.: Aglomeracia. Zs. Metallurgia, Moskva 1967
/2/ MUCHI, I.; HIGUCHI, J.: Theoretical Analysis on the Operation of Sintering. Tetsie-To-Hagane 56 (1970) Nr. 3, S. 371

Aspekte der automatisierten Maschinen- und Anlagendiagnose

Von S. THIELE, P. METZING und U. HÄNEL, Freiberg

0. Einleitung

Die Diagnose wird schon seit vielen Jahren bewußt oder unbewußt durch den Menschen praktiziert. In der Medizin nutzt man z. B. das Geräusch der Atmung zur Erkennung des Gesundheitszustandes des menschlichen Organismus. Die Begriffe Diagnose (Erkennen und Benennen einer Krankheit /1/) und Diagnostik (Lehre von der Erkennung und Benennung ... /1/) haben sich in diesem Fachgebiet herausgebildet. Aber auch ein erfahrener Kraftfahrer kann den Zustand seines Kraftfahrzeuges anhand charakteristischer Geräusche beurteilen und daraus eventuelle Reparaturzeitpunkte festlegen. Ebenso schließt ein erfahrener Anlagenfahrer in der Produktion in Auswertung von visuellen und optischen Informationen auf bestimmte Situationen des technologischen Ablaufes und auf den Zustand der Anlage bzw. von Einzelteilen. Alle aufgezeigten Fälle haben gemeinsam: vom Diagnoseobjekt (Mensch, Auto, Produktionsanlage) den aktuellen Zustand zu erkennen und daraus Schlußfolgerungen zu ziehen. Allerdings ist das Erreichen dieses Zieles und die weitere Verarbeitung dieses Ergebnisses aufgrund der unterschiedlichen Diagnoseobjekte sehr verschieden (Tabelle 1), so daß die Abgrenzung der Technischen Diagnose von der herkömmlichen, traditionellen Diagnose in der Medizin (z. B.) zwingend ist.

Tabelle 1. Gegenüberstellung Technische Diagnose - medizinische Diagnose

	Technische Diagnose	Medizinische Diagnose
Möglichst quantitatives Bewerten ?	ja	ja
Prognose der Restnutzungsdauer erwünscht ?	ja	nein !
Therapie/Instandhaltung	so spät wie möglich (Optimierung)	sofort
Ändern des "Betriebsregimes"	nein	ja

1. Technische Diagnostik

Nach TGL 39446 /2/ gilt folgende Definition für die Technische Diagnostik:
"Disziplin der Technikwissenschaften, die die Gesamtheit aller technischen und technologischen Maßnahmen zum weitgehend demontagelosen Ermitteln des Zustandes und/oder von Gebrauchseigenschaften einer Betrachtungseinheit und deren Bewertung entsprechend definierter Einsatzbedingungen und angestrebter Ziele beinhaltet".
Die Maschinen- und Anlagendiagnose ordnet sich in diese Definition ein und ist damit ein Teilgebiet der Technischen Diagnostik. Ein weiteres Teilgebiet der Diagnostik moderner Produktionsanlagen stellt die (Eigen-)Diagnose von Automatisierungssystemen dar (Bild 1).

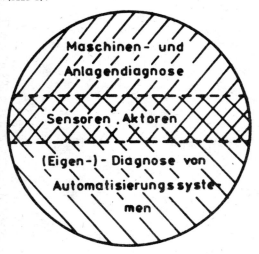

Bild 1
Technische Diagnose von Produktionsanlagen

2. Maschinen- und Anlagendiagnose

Wenn als Ziele der Technischen Diagnose das Ermitteln des Zustandes von Gebrauchseigenschaften und deren Bewertung genannt werden, so liegt darin zweifellos das eigentliche Problem. Man muß aber noch einen Schritt weitergehen, wenn die Technische Diagnose ihre Aufgabe im Dienst der Instandhaltung erfüllen soll. Dies gilt insbesondere bei der Einführung der zustandsabhängigen Instandhaltung, die als Voraussetzung nicht nur eine Bewertung des aktuellen Zustandes, sondern auch die bauteilbezogene Restnutzungsdauerprognose erfordert. Damit und unter Beachtung aller Randbedingungen, wie z. B. erforderliche Instandhaltungszeitpunkte übriger Anlagenteile, Zeitpunkt des nächsten Stillstandes der Anlage wegen Wechsel des Produktionsprogrammes, ist ein Vorschlag für den Instandhaltungszeitpunkt angebbar, wodurch weitere ökonomische Reserven genutzt werden können. Für die Ermittlung des optimalen Instandhaltungszeitpunktes sind also sowohl

Diagnosemeßwerte von der Produktionsanlage, ihre Verdichtung und Auswertung als auch Informationen der Prozeßführung und operativen Lenkung notwendig. Demzufolge sind Funktionen der Technischen Diagnose hierarchischen Systemen der Automatisierung von Produktionsprozessen zuordenbar (Bild 2). Damit ist auch die Notwendigkeit begründet, schon jetzt über Aspekte der Automatischen Diagnose zu sprechen, obwohl zum momentanen Zeitpunkt Lösungen von grundsätzlichen Problemen der Technischen Diagnose noch ausstehen.

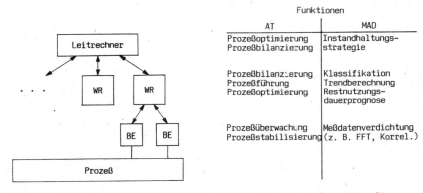

Bild 2. Hierarchisches Automatisierungssystem und Einordnung der Technischen Diagnose
MAD - Maschinen- und Anlagendiagnose
AT - Automatisierungstechnik
WR - Wartenrechner
BE - Basiseinheit

Um eine automatisierte Technische Diagnose in die zustandsabhängige Instandhaltung einbeziehen zu können, ist die Lösung des Vorhersageproblems bezüglich der zu erwartenden Nutzungsdauer der Objekte zu realisieren. Dafür gibt es drei Zugänge:
- Anwendung der Zuverlässigkeitstheorie
- Technische Diagnose und Anwendung von Trennmodellen
- Betriebsbegleitende Lebensdauerberechnung.

Im folgenden sollen einige Probleme aus der Sicht der Montanindustrie zu diesen drei Punkten diskutiert werden.

2.1. Nutzung der Zuverlässigkeitstheorie

Die Anwendung der Zuverlässigkeitstheorie erfordert die Kenntnis des Ausfallverhaltens einer genügend großen (repräsentativen) Grundgesamtheit von Objekten. Diese Forderung ist bei vielen Anlagen und Maschinen der Montanindustrie (Walzgerüste, Förderbrücken, Bagger usw.) nicht erfüllbar. Das retrospektive Ergebnis wäre die mathematische Beschreibung für die Verteilung der Betriebszeiten mit Angaben zugehöriger Ausfallwahrscheinlichkeiten. Damit ist dieser Zugang allenfalls für die planmäßig vorbeugende Instandhaltung, aber nicht für eine bauteilbezogene Restnutzungsdauerprognose geeignet.

2.2. Technische Diagnose und Anwendung von Trendmodellen

Die Verfahrensweise bei dieser Methode zeigt Bild 3. Hierbei muß unterschieden werden zwischen Lernphase und Betriebsphase der Technischen Diagnose.

Vorgehensweise:

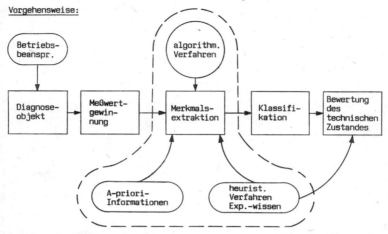

Bild 3. Vorgehensweise bei der Technischen Diagnose

Zur Lernphase

Das generelle Problem, das in der Diagnostik zu lösen ist, besteht darin, ein günstiges Diagnoseverfahren mit Diagnosegrößen und extrahierbaren Merkmalen zu ermitteln, das eine möglichst gut quantifizierbare Zuordnung zwischen Schadensart, -ort, -fortschritt und den Diagnoseparametern zu finden erlaubt. Ist die Entscheidung für ein Diagnoseverfahren gefallen, geht es um Entwurf des Erkennungssystems, das heißt, Festlegung der Merkmalsextraktion und der anschließenden Klassifikation. Dafür gibt es methodische Ansätze und Lösungen von Einzelfällen /4, 5, 6/. Insgesamt muß festgestellt werden, daß das oben genannte Problem unter Einbeziehung heuristischer Verfahren und von Expertenwissen gelöst werden kann (Bild 3). Diese Lösung ist in jedem Fall das Ergebnis eines Lernprozesses, der sich auf alle Aktivitäten in Bild 3 erstreckt. Eine besondere Bedeutung kommt der Klassenanzahl des Klassifikators zu. Die Zahl der Klassen repräsentiert die Zahl der unterscheidbaren Zustände und hängt davon ab, ob in der Lernphase genügend verschiedene Zustände exemplarisch zur Verfügung standen. Von einer Gut/Schlecht-Klassifikation wird schon lange Gebrauch gemacht, dies entspricht aber nicht mehr den modernen Anforderungen an die Zustandsbewertung. Wesentliche Fortschritte wurden mit unscharfen Methoden erreicht /6/.

Zur Betriebsphase

Da alle Untersuchungen zur Merkmalsextraktion und zur Gestaltung des Klassifaktors abgeschlossen sind, bleibt als Aufgabe die Automatisierung von Meßwertgewinnung, Anwendung des Klassifaktors und der Trendermittlung. Das ist beim Stand der Mikrorechentechnik prinzipiell lösbar.

Im Beitrag /7/ werden die Probleme der Lernphase am konkreten Diagnoseobjekt Walzscheiben (Rißbildung) erläutert und erste Ergebnisse dargestellt.

2.3. Betriebsbegleitende Lebensdauerberechnung

Diese Methode ist durch folgende Punkte charakterisiert:

- die kontinuierliche rechnergestützte Erfassung der Betriebsbeanspruchungen mit dem Ziel der Bildung von Beanspruchungskollektiven
- die Kenntnis des Werkstoffverhaltens (Wöhlerlinie)
- die Anwendung einer zutreffenden Schadensakkumulationshypothese einschließlich Lebensdauerberechnungsverfahren.

Im Ergebnis liegt direkt eine Prognose des zukünftig ertragbaren Beanspruchungskollektivs, d. h. eine Restnutzungsdauerprognose vor. Das Problem bei der Automatisierung dieses Verfahrens besteht vor allem in der kontinuierlichen Erfassung der Betriebsbeanspruchungen. Hierbei ist die sinnvolle Auswahl von brauchbaren Prozeßmeßgrößen entscheidend. Die Einordnung des Diagnoseproblems in das hierarchische Automatisierungskonzept bietet die Nutzung von Prozeßgrößen für beide Aufgaben.

3. Bezüge zwischen Technischer Diagnose und Automatisierungstechnik

Es ist nicht zu erwarten, daß zukünftige Produktionsanlagen neben anspruchsvollen Automatisierungssystemen ähnlich komplexe, aber separate Diagnosesysteme enthalten werden. Vielmehr wird es technisch und ökonomisch sinnvoll sein, beides soweit wie möglich zu integrieren. Die Voraussetzungen dafür sind bei den in Frage kommenden aufgeführten Diagnosemöglichkeiten grundsätzlich vorhanden. Zur Zeit ist festzustellen, daß sich der Fortschritt in der Technischen Diagnostik einschließlich der zugehörigen Gerätetechnik gewissermaßen neben dem Fortschritt in der Automatisierungstechnik vollzieht, obwohl es zwischen beiden zahlreiche Bezüge gibt:

- die Meßwertgewinnung erfolgt an der gleichen Anlage
- Prozeßmeßgrößen können unter Umständen direkt diagnostischen Zwecken dienen; oft sind sie als zusätzliche Informationsträger nützlich
- die Informationsverarbeitung erfolgt in beiden Bereichen zunehmend digital, die angewandten Verfahren sind zum Teil die gleichen (z. B. digitale Filterung)
- die Vielfalt der Aufgaben wird hier wie da durch den universellen Mikrorechner mit spezieller Software bewältigt

- die hierarchische, dezentrale Struktur moderner Automatisierungssysteme entspricht nicht nur der Funktionshierarchie der Automatisierung, sondern auch der Hierarchie der Funktionen in der Diagnostik bis hin zur zustandsabhängigen Instandhaltungsplanung (siehe Bild 2).

Diese Aspekte begünstigen die Einbeziehung der Diagnostik in die Konzeption moderner Automatisierungssysteme.

Literaturverzeichnis

/1/ Autorenkollektiv: Großes Fremdwörterbuch. VEB Bibliografisches Institut, Leipzig 1977
/2/ Autorenkollektiv: TGL 39446, Instandhaltung (Termini und Definition), verbindlich ab 1. 7. 89
/3/ METZING, P.: Prozeßleitsysteme/Beratungssysteme, Stand und Anwendungsmöglichkeiten. Vortrag zum XL. Berg- und Hüttenmännischen Tag, Freiberg 1989
/4/ STURM, A.: Wälzlagerdiagnostik für Maschinen und Anlagen. VEB Verlag Technik, Berlin 1989
/5/ UNGER, E.: Vibroakustische Diagnostik. Diss. B, TH Leipzig, 1984
/6/ BOCKLISCH, S. F.: Prozeßanalyse mit unscharfen Verfahren. VEB Verlag Technik, Berlin 1987
/7/ LUFT, M., u. THIELE, S.: Ein Beitrag zur vibroakustischen Diagnose an rotierenden Werkzeugen. Vortrag zum XL. Berg- und Hüttenmännischen Tag, Freiberg 1989
/8/ THIELE, S.: Zur Integration der Technischen Diagnostik in Prozeßdatenverarbeitungssysteme. Freiberger Forschungsheft A 780. VEB Deutscher Verlag für Grundstoffindustrie, 1988

Ein Beitrag zur vibroakustischen Diagnose
an rotierenden Werkzeugen

Von M. LUFT und S. THIELE, Freiberg

1. Diagnoseobjekt

In modernen Drahtwalzblöcken werden als Umformwerkzeuge Walzscheiben aus hochverschleißfestem Sinterhartmetall eingesetzt. Anrisse, die in Form von Längs- oder Querrissen vom Kaliber ausgehen, können u. U. zum völligen Durchreißen bzw. Zerplatzen der Walzscheibe führen und erhebliche Folgeschäden an Getriebebauteilen und Walzarmaturen verursachen. Es werden Möglichkeiten gesucht, mit Hilfe vibroakustischer Messungen an der Walzenkassette derartige Walzscheibenanrisse zu diagnostizieren (Bild 1), wobei sich die angewandte Methodik nicht nur auf diese spezielle Diagnoseaufgabe beschränkt.

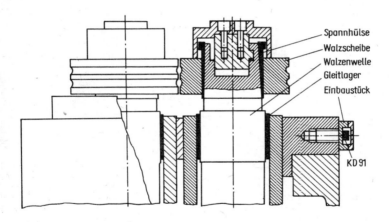

Bild 1. Vereinfachte Darstellung der Walzenkassette

2. Versuchsmessungen

Die Modellierung des Schwingungsverhaltens der Walzscheibe als dreidimensionales Kontinuum bereitet erhebliche Schwierigkeiten, weshalb der experimentellen Analyse der Vorzug gegeben wurde. Das durch Rißbildungen veränderte Eigenschwingverhalten drückt

sich in Modulationen und zusätzlichen Eigenfrequenzen, vorzugsweise im Ultraschallbereich, aus. Hier liegt der Ansatzpunkt für Diagnoseparameter. Die vorherige Ermittlung des Eigenschwingverhaltens der Walzscheiben liefert Hinweise, wie im Schwingbeschleunigungssignal zielgerichtet nach Diagnoseparametern zu suchen ist.
Die experimentellen Untersuchungen zum Schwingverhalten der Walzscheiben unter Betriebsbedingungen konnten im Walzwerktechnikum der Bergakademie Freiberg erfolgen. Es kam eine Meßanordnung nach Bild 2 zur Anwendung.

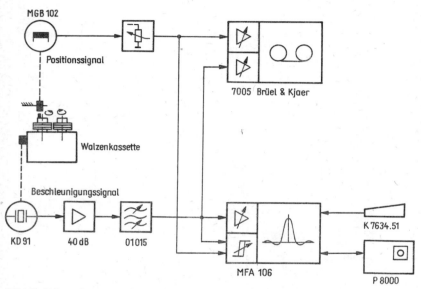

Bild 2. Meßanordnung

Die Schwingungsmessungen erfolgten dabei als Körperschallmessungen, da Luftschallmessungen aufgrund der Umgebungsgeräusche im Walzprozeß beträchtlichen Störeinflüssen unterliegen.
Der piezoelektrische Beschleunigungsaufnehmer KD 91 wurde, geschützt in einem speziellen Einbaustück, in der seitlichen Lastaufnahmebohrung der Walzenkassette angebracht (vgl. Bild 1). Hierbei sind die Einflüsse des Signalübertragungsweges zu beachten, d. h., der Körperschall wird von der schwingenden Walzscheibe zum Aufnehmer über Koppelelemente (Welle, Lager, Gehäuse) geleitet.
Um bei der Signalanalyse eine eventuell vorhandene Abhängigkeit zwischen Beschleunigungssignal und Rißposition, d. h. dem momentanen Eingriffsbereich der Walzscheibe auf das Walzgut bezüglich Riß, feststellen zu können, erschien die gleichzeitige Erfassung eines Positionssignals sinnvoll (Bild 3).

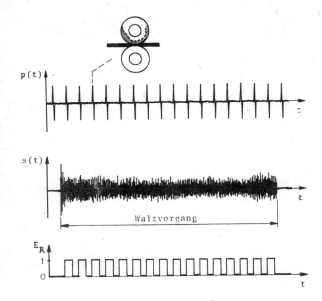

Bild 3. Beschleunigungs- und Positionssignal
p(t) - Positionssignal
s(t) - Beschleunigungssignal
E_R - Rißeingriff

Vor Ort erfolgte zunächst die zweikanalige Analogaufzeichnung beider Signale auf einem Brüel & Kjaer-Meßtonbandgerät 7005 /1/. Damit konnte die eigentliche Signalanalyse in das Labor verlagert werden.
Kernstück des Meßplatzes bildet das "Modulare Fourieranalysatorsystem MFA 106" /2/ in Kopplung mit einem MR-Entwicklungssystem P 8000. Mit den speziellen Möglichkeiten des Meßtonbandgerätes erlaubt diese Gerätekonfiguration eine komfortable Signalanalyse im Zeit- und Frequenzbereich bis f_{max} = 80 kHz.
Zunächst wurde das Beschleunigungssignal hinsichtlich seiner Spektralanteile untersucht.

Durch Erweiterung der Triggermöglichkeiten des MFA 106 kann ein gezielter Zugriff auf beliebige zeitliche Ausschnitte des Beschleunigungssignals in Abhängigkeit vom Positionssignal erfolgen.

Um Abbrucheffekte bei der Anwendung des FFT-Algorithmus auf das zeitlich begrenzte Beschleunigungssignal s(t) zu vermeiden, wurde in Anlehnung an das vorteilhafte Hammingfenster /4/ mit h(t) gewichtet:

$$s_h(t) = s(t) \cdot h(t) \quad \text{mit} \quad h(t) = \frac{1}{1.08}\left(0.08 + \sin^2\frac{\pi t}{T_0}\right) \tag{1}$$

Durch Anwendung der Fourier-Transformation auf die Autokorrelationsfunktion $k(\tau)$

$$k(\tau) = \int_{-\infty}^{\infty} s_h(t) s_h(t+\tau)\,dt \tag{2}$$

erhält man das Leistungsdichtespektrum S_{xx}

$$S_{xx} = \int_{-\infty}^{\infty} k(\tau) \cdot \exp(-j\omega\tau)\,d\tau \tag{3}$$

das aufgrund der vorausgesetzten Periodizität von s(t) mit den Fourierkoeffizienten c_n ein Linienspektrum mit den Koeffizienten $|c_n|^2$ darstellt /5/. Aus Implementationsgründen wurde S_{xx} zur Darstellung der Spektralanteile genutzt.

3. Eigenschwingverhalten

Zur Untersuchung des Eigenschwingverhaltens wurden ausgebaute Walzscheiben unterschiedlichen Schädigungsgrades bei dämpfungsarmer Aufhängung mit einem Stoßimpuls zu Eigenschwingungen angeregt. Der Beschleunigungsaufnehmer wurde dabei direkt an der Walzscheibe befestigt.

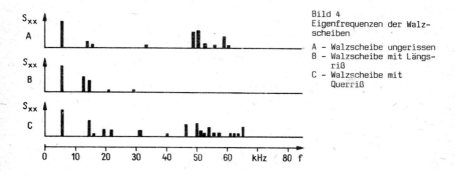

Bild 4
Eigenfrequenzen der Walzscheiben

A - Walzscheibe ungerissen
B - Walzscheibe mit Längsriß
C - Walzscheibe mit Querriß

Bild 4 zeigt typische Leistungsdichtespektren. Hieraus ergeben sich Hinweise für ein gezieltes Zugreifen auf bestimmte Frequenzbereiche des Beschleunigungssignals bei den nun folgenden Versuchen zum Betriebsverhalten. Zu beachten ist die erste Resonanzstelle des verwendeten Beschleunigungsaufnehmers bei f_{res} = 54 kHz.

4. Betriebsverhalten

Bei Vergleichsversuchen zwischen Paarungen gerissener und ungerissener Walzscheiben wurde die Walzgeschwindigkeit variiert. Alle anderen Versuchsbedingungen wurden, soweit es die konkreten Betriebsbedingungen erlaubten, konstant gehalten, um Vergleichbarkeit zu gewährleisten.
Betriebstechnologische Aspekte gestatten es nicht, den Schwingungsaufnehmer näher am eigentlichen Diagnoseobjekt anzuordnen (vgl. Bild 1). Daraus resultiert, daß sich die unterschiedlichsten Schwingungen von Teilen der Walzen- und Getriebekassette im gemessenen Beschleunigungssignal abbilden und sich dem eigentlichen Nutzsignal überlagern.
Die Einbeziehung des Eigenschwingverhaltens der Walzscheibe erlaubt die Auswahl signifikanter, d. h. mit den Eigenschwingungen der Walzscheibe korrelierender Signalanteile, beispielsweise Betrachtung derjenigen Frequenzanteile im Beschleunigungssignal, die sich mit den Eigenfrequenzen der jeweiligen Walzscheibe decken.
Die unter diesen Gesichtspunkten begonnene Signalanalyse führte zu ersten Aussagen bei der Bewertung typischer Signalanteile (Bild 5).

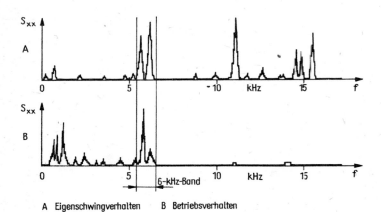

Bild 5. Eigenschwingverhalten - Betriebsverhalten
A - Eigenschwingverhalten
B - Betriebsverhalten

Während die Spektralanteile unter etwa 5 kHz kinematische Frequenzen der Walzen- und Getriebekassette darstellen, widerspiegelt der Anteil um 6 kHz eindeutig die niedrigsten Eigenfrequenzen der Walzscheibe.
Zur Ermittlung der Periodizitäten im zeitlichen Verlauf der Spektralanteile im 6-kHz-Band wurde nach analoger Bandpaßfilterung eine rechnerische Betragsbildung des Beschleunigungssignals $s_6(t)$ vorgenommen:

$$|s_6(t)| = s_6(t) \cdot \text{sign}(s_6(t)) \tag{4}$$

Zur Signalglättung erfolgte danach eine digitale Tiefpaßfilterung durch Falten mit $g(t)$ /6/ entsprechend Bild 6:

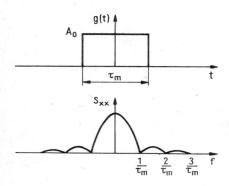

Bild 6
Faltungsfunktion

$$g(t) = A_0 \cdot re\left(\frac{t}{\tau_m}\right) \tag{5}$$

$$f(t) = \int_{-\infty}^{\infty} |s_6(\tau)| \cdot g(t-\tau) d\tau = F_{S6}(\omega) \cdot F_g(\omega) \tag{6}$$

Die Anwendung der Autokorrelationsfunktion $k(\tau)$ auf $f(t)$ (entspricht Gleichung (2)) führte zur Aufdeckung von Periodizitäten in $f(t)$ (Bild 7).
Der Wert der Autokorrelationsfunktion für $\tau = T_0$ kann somit als Diagnoseparameter für Querrisse gelten.
Die weiteren Untersuchungen beinhalten die Bewertung der nach Hochpaßfilterung sichtbar werdenden höherfrequenten Spektralanteile im Beschleunigungssignal, um weitere Diagnoseparameter insbesondere auch zur Diagnose von Längsrissen zu erhalten. Danach erscheint es sinnvoll, den Zusammenhang zwischen Diagnoseparametern und Schädigungsgrad mit Hilfe der unscharfen Klassifikation zu modellieren /7/.

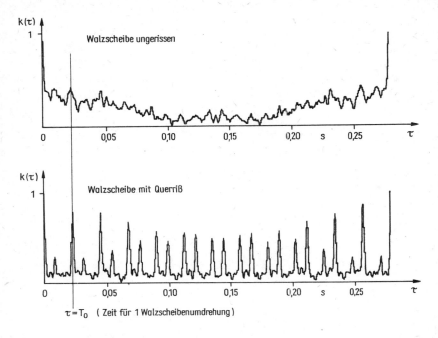

Bild 7. Normierte Autokorrelationsfunktion für 6-kHz-Band

5. Zusammenfassung

Die durchgeführten Untersuchungen zur Diagnose von Walzscheibenanrissen umfaßten neben Messungen zum Eigenschwing- und Betriebsverhalten eine umfassende Spektralanalyse des Datenmaterials, die noch nicht abgeschlossen ist. Für die Versuchsmessungen standen ungerissene und gerissene Walzscheiben mit verschiedenen Rißbildern zur Verfügung. Als für die Diagnose vorteilhaft erwiesen sich Körperschallmessungen mit Hilfe eines piezoelektrischen Beschleunigungsaufnehmers über dem äußeren Gleitlager der Walzenkassette. Das Beschleunigungssignal wurde hinsichtlich seiner Spektralanteile untersucht, wobei die vorherige Ermittlung der Eigenfrequenzen der Walzscheiben die Selektierung nichtrelevanter Frequenzanteile ermöglichte. Die Untersuchungen führten vorerst zur Demodulation des 6-kHz-Bandes, die rißabhängige Amplitudenänderungen in diesem Frequenzbereich sichtbar machte. Damit wurde ein Diagnoseparameter für Querrisse gefunden. Weiterführende Untersuchungen sind auf die Analyse höherfrequenter Signalanteile gerichtet, da hier weitere Diagnoseparameter vermutet werden.

Literaturverzeichnis

/1/ Instruction Manual Tape Recorders Types 7005 and 7006. Brüel & Kjaer Naerum (Denmark), 1981
/2/ Technische Beschreibung und Bedienungsanleitung für Modulares Fourieranalysatorsystem MFA. VEB Meßelektronik, Berlin 1986
/3/ BOMM, H.: Entwicklungstendenzen der modernen Meßtechnik unter besonderer Berücksichtigung industrieller Anwendungen. IHS Wismar, Dissertation B, 1987
/4/ WEHRMANN, W., u. a.: Real-Time-Analyse - Industrielle Signal- und Systemanalyse im Zeit- und Frequenzbereich; Kontakt + Studium, Band 35, Technische Akademie Esslingen (BRD)
/5/ WUNSCH, G.: Systemanalyse, Band 1. VEB Verlag Technik, Berlin 1972
/6/ MÖSCHWITZER, A.: Formeln der Elektrotechnik und Elektronik. VEB Verlag Technik, Berlin 1986
/7/ BOCKLISCH, F.: Prozeßanalyse mit unscharfen Verfahren. VEB Verlag Technik, Berlin 1987

Autorenverzeichnis

Abraham, Raphael	Dipl.-Ing. Bergakademie Freiberg
Baldauf, Dieter	Dr.-Ing. Wissenschaftlich-Technisches Zentrum der SDAG Wismut, Grüna
Bánhidi, László	Dozent Dr. sc. techn. Technische Universität für Schwerindustrie Miskolc
Bittner, Horst	Dozent Dr.-Ing. Automatisierungsanlagen Cottbus
Ehrlich, Herbert	Prof. Dr. sc. techn. Technische Hochschule Leipzig
Franke, Ulrich	Dr.-Ing. Bergbau- und Hüttenwerk "Albert Funk", Freiberg
Franz, Hermann	Dozent i. R. Dr. sc. techn. Bergakademie Freiberg
Geiler, Thomas	Dipl.-Ing. Wissenschaftlich-Technisches Zentrum der SDAG Wismut, Grüna
Grober, Klaus-Peter	Dr. sc. techn. Wissenschaftlich-Technisches Zentrum der SDAG Wismut, Grüna
Gyuricza, Istvan	Dr.-Ing. Technische Universität für Schwerindustrie Miskolc
Hänel, Ulrich	Dr.-Ing. Bergakademie Freiberg
Ivanyos, Lajos	Dr. sc. techn. MMG Budapest
Konietzky, Bernhard	Dr.-Ing. Wissenschaftlich-Technisches Zentrum der SDAG Wismut, Grüna
Kovács-Rácz, Éva	Dr.-Ing. Technische Universität für Schwerindustrie Miskolc
Luft, Mathias	Dipl.-Ing. Bergakademie Freiberg
Metzing, Peter	Prof. Dr. sc. techn. Bergakademie Freiberg

Nadeborn, Helmut	Obering. Braunkohlenwerk Senftenberg
Oláh, Miklós	Dozent Dr.-Ing. Technische Universität für Schwerindustrie Miskolc
Rátkai, László	Dr.-Ing. Technische Universität für Schwerindustrie Miskolc
Reinhardt, Helmut	Dr. sc. techn. Akademie der Wissenschaften der DDR, Forschungsinstitut für Aufbereitung, Freiberg
Sauermann, Hartmut	Dr.-Ing. Bergakademie Freiberg
Schöne, Hagen	Dipl.-Ing. Bergakademie Freiberg
Thiele, Siegfried	Dr.-Ing. Freiberg
Unger, Christian	Dipl.-Ing. Bergakademie Freiberg
Walter, Gerd	Dozent Dr. sc. techn. Bergakademie Freiberg
Wolf, Eckehard	Dipl.-Ing. Bergakademie Freiberg